枣树设施
丰产栽培技术

杨 飞　杨延青　主编

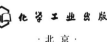
化学工业出版社

·北京·

内 容 简 介

枣树是我国原产的经济林树种，栽培历史悠久，现栽培面积3000多万亩，产量900多万吨。随着新技术、新产品、新业态的发展，枣树栽培管理技术也在不断提升，极大地拓展了产业发展的广度和深度，枣树设施栽培也是枣产业适应新时代发展的结果。

本书详述了枣树设施栽培概况、枣树特性及品种、枣树栽培设施规划与建设、枣树设施栽培管理技术、枣树设施栽培病虫害防治、采收和贮运等内容，通过具体的数据和典型图片等，直观形象地反映了枣树设施栽培的管理方法。

本书以实用技术为主，对于指导枣农操作和专业合作社开展枣树现代化设施栽培具有实际意义，可供广大枣农、枣树专业合作社、农业技术人员以及农林院校相关专业师生阅读参考。

图书在版编目(CIP)数据

枣树设施丰产栽培技术 / 杨飞，杨延青主编.—北京：
化学工业出版社，2023.6
ISBN 978-7-122-43131-8

Ⅰ.①枣… Ⅱ.①杨…②杨… Ⅲ.①枣-果树园艺
Ⅳ.① S665.1

中国国家版本馆CIP数据核字（2023）第049361号

责任编辑：张林爽
文字编辑：李 雪 李娇娇
责任校对：李 爽
装帧设计：溢思视觉设计/张博轩

出版发行：化学工业出版社
　　　　　（北京市东城区青年湖南街13号 邮政编码100011）
印　　装：三河市延风印装有限公司
710mm×1000mm 1/16 印张13$\frac{1}{2}$ 彩插2 字数230千字
2023年6月北京第1版第1次印刷

购书咨询：010-64518888
售后服务：010-64518899
网　　址：http://www.cip.com.cn
凡购买本书，如有缺损质量问题，本社销售中心负责调换。

定　　价：66.00元　　　　　版权所有 违者必究

本书编写人员

主　编　杨　飞　杨延青

副主编　杨建华　安　荣

参　编　张彩红　武　静　刘　鑫　贺　奇　顾思思

序

枣树是我国北方主要的干果经济林树种，栽培历史悠久，分布范围广泛。长期以来，以干枣为主要产品的枣树生产，在农村经济发展、农民增收和国土绿化中扮演了重要角色。2000年以来，原有枣树主产区的河北、山东、山西、陕西和河南，栽培面积逐年减少，其干枣产品市场占有率越来越低。而新疆和河西走廊以其独特的气候和环境条件，孕育了优良的干枣品质，干枣的生产基地也逐步转移到新疆和河西走廊。

我国的鲜食枣栽培始于二十世纪八十年代中期山西交城县林科所，集中大面积发展于山西临猗县。'梨枣'以其早果、丰产、稳产、果大的特点，成为第一个大规模发展的鲜食品种，并在很短时间内风靡全国，但品质不佳始终是'梨枣'的短板。二十世纪九十年代后期，'冬枣'以其'梨枣'无可比拟的果实品质很快被市场认可，之后便迅速在陕西大荔、山西临猗等地发展起来。目前已成为'冬枣'一统天下的鲜食枣发展格局。

长期以来，枣树露地栽培，其果实在成熟期遇雨极易造成裂果、烂枣，经济损失惨重。二十世纪九十年代开始，多地陆续利用温室、塑料大棚和遮雨棚等农业保护设施进行鲜枣栽培，有效解决了降雨引起的裂果、烂枣问题，同时枣农通过提前增温等措施，促进鲜枣树早萌芽、早开花、早结果和提前成熟上市，鲜枣栽培经济效益大大提高。近年来，鲜枣生产由于主栽品种单一化、过度追求产量和提早上市，枣果品质严重下降，经营效益也逐年走低。丰富鲜食枣优良品种，保证鲜枣果实品质，提高鲜食枣经营效益，是设施鲜枣良性发展的根本保证。

本书编者在长期进行枣树设施栽培研究的基础上，总结生产经验，编写了《枣树设施丰产栽培技术》一书，该书内容丰富、层次分明、图文并茂，理论与实践兼顾，对解决生产存在的技术问题，普及设施化、标准化、无害化、优质化栽培管理技术，具有较强的指导意义。

（教授级高级工程师，山西林业职业技术学院原院长，享受国务院特殊津贴专家）

2022年6月

前言

果树设施栽培是一种果树在保护地内栽培的模式，是在不适宜某些果树生长发育的气候条件（霜冻、多雨等）或地区（高寒区等），利用温室、塑料大棚和遮雨棚等农业工程保护设施，通过调控设施内的光照、温度、湿度和CO_2浓度等空气和土壤环境因子，为果树的生长发育提供适宜的条件，从而生产出大量优质果实的人工栽培模式。该技术是在保护地的条件下，以果树的全生长周期规律作为基础，以生产优质果品为目的，开展的栽培管理措施。

枣树是我国特有果树，作为主要的经济林树种，曾对山西省区域农村经济发展，起到了重要的支柱作用。与露地栽培技术相比，枣树设施栽培技术延长了鲜果供应周期，扩大了优良品种的栽培区域范围，可有效预防自然灾害和控制部分病虫害；能生产出安全、优质、高档的果品，更符合人们不断提升的消费需求，特别是高品质消费的需要；提高了生产效率的同时，也增加了枣树产业的经济、社会效益等。因此，枣树设施栽培在我国山西等多个省份均进行了大量的应用。由于枣树设施栽培是劳动、资金、技术密集的产业，汇聚了多种现代高新技术，因此需要有较多的技术积累，以及培养较高素质的农业人才队伍。

为了更好地普及枣树设施栽培技术，弥补枣农认识上的不足，树立绿色安全果品生产理念，提高现代化设施管理水平，《枣树设施丰产栽培技术》一书以实用技术为主，系统地介绍了枣树设施栽培概况、枣树特性及品种、枣树栽培设施规划与建设、枣树设施栽培管理技术、枣树设施栽培病虫害防治、采收和贮运等一整套枣树设施生产管理技术。本书第一、二、三章由杨飞编写，第四、五章由杨延青编写，第六章及附录由杨建华、安荣编写。

本书在编写过程中参考了众多资料，在此向资料的作者表示衷心的谢意。成书过程中得到中央财政林业科技推广示范项目"鲜枣设施栽培技术推广示范"（晋〔2021〕TG14号）、亚洲开发银行知识合作技术援助 (KSTA) 项目"黄河流域中游林草可持续管理"和山西省林业重点研发计划专项项目"枣树鲜食品种区域适应性研究"等的支持，在此表示衷心的感谢。

由于编者的经验不足，业务水平有限，书中难免有不足和疏漏之处，敬请广大读者批评指正。

编者

2023 年 4 月

目录

第一章
枣树设施栽培概况

第一节　我国枣树设施栽培现状

枣树在我国的栽植、利用已有逾7000年的历史，是原产于我国的特色优势果树。全国枣树栽培面积3000多万亩（1亩=667平方米），产量900万吨。随着设施果树产业的发展和果品供应期的延长，以及人们对高品质果品需求的增加，枣树设施栽培大量出现。

一、枣树设施栽培的意义

尽管枣树设施栽培技术研究起步较晚，但各主要枣产区均进行了设施栽培试验与应用，经济效益也相当可观。枣树设施试验研究开始于21世纪初，首先在辽宁、河北等地进行了栽植试验，主要研究的是'台湾青枣''梨枣'的异地栽培。其后，北京、宁夏、陕西、山西、山东、海南、新疆等地也相继开始设施栽植的试验、研究和推广，主要方向为鲜食枣的提早成熟或实现异地栽培，以及避险栽培，具体如下。

一是提早成熟，提高产量。宁夏棚栽'灵武长枣'成熟期可比露地栽培提前30～40天，收益约比露地栽培提高5倍。海南已试种成功山东红枣'桂台'系列及'16绿'系列，在露地栽培达到一年2次挂果，经济效益显著。2000年辽宁引进'台湾青枣'，当年就有一定的经济产量，翌年株产在10千克以上，每亩产量可达 1000 千克以上。山西开展了高寒区枣树设施栽培技术研究与推广,温室冬枣可在5月下旬到6月上旬上市。陕西设施'冬枣'2019年市场调查发现,温棚'冬枣'上市时间最早,一般在6月上旬到7月中旬。棉被冷棚'冬枣'的上市时间在7月上旬到8月中旬;双膜棚冷棚'冬枣'的上市时间在7月中旬到8月下旬,而普通冷棚'冬枣'的上市时间在8月中旬到9月中旬。'大荔冬枣'设施栽培当年栽植'冬枣',第二年即可结果,平均每亩产量750千克以上,实现了温室'冬枣'当年栽植成活、第二年见果、第三年丰产高效的目标。

二是抵御自然灾害,实现避险栽培。'壶瓶枣''冬枣'等品种,因采收期大多在晚秋时节,正好赶上绵绵秋雨,裂果达50%以上,严重地降低了果实的品质,采取棚栽措施后,不但解决了鲜食枣成熟遇雨而裂的难题,销价也由原来的平均每千克4元增至每千克10元。7月中旬成熟上市的早熟品种,最高达每千克120元。比较避雨栽培与露地栽培模式下枣裂果率和果实品质差异,表明避雨栽培不仅降低了裂果率,同时提高了果实的营养品质。在借鉴其他果树设施栽培经验的基础上,已实现生产并获得较高经济效益,同时取得一些研究成果。

三是获得较高的经济效益。在山西省高寒区进行日光温室枣树设施栽培,具有显著的生态、经济和社会效益,日光温室枣树3～4年生时已经进入盛果期,投资回收期6.5年。有相关经济效益分析发现,不同栽培模式的产投比冷棚＞日光温室＞露地＞防雨棚,产值从高到低依次为日光温室＞冷棚＞防雨棚＞露地,其经济效益为日光温室＞冷棚＞防雨棚＞露地,分别是露地'冬枣'的6.2倍、2.1倍和1.4倍。塑料大棚栽培'金丝小枣'果实可溶性固形物33%,平均单果重为5.6克,亩产量800多千克,由于果实提早上市,病虫害显著减少,使用农药次数少,减少了枣果的农药残留,售价明显高于露地栽培的'金丝小枣',单位面积收益也高于露地栽培。设施栽培使枣树果实成熟期提前,提高了亩产量,市场价格高于露地栽培,使得枣树设施栽培经济效益显著。如有的地区设施栽培'冬枣'亩产量为2170～2880千克,高于露地'冬枣',投入成本是露地成本的2～3倍,产值为71900～87000元/亩,经济效益57000～66000元/亩,设施栽培'冬枣'经济效益显著高于露地栽培。

二、枣树设施栽培基础研究

(一)主栽品种

不同地区选用的棚栽枣树品种不尽相同,但主要选择的是鲜食枣品种,有

'台湾青枣''冬枣''梨枣''灵武长枣''大瓜枣''泾渭鲜枣',也有选用'灰枣''骏枣''金丝小枣'和'金昌一号'等干鲜兼用的品种,同时也开展了许多如其主要性状、露地与棚栽情况的研究和比较。

(二)需冷量

落叶果树满足低温需求量完成自然休眠是进行下一步生长发育循环所必须经历的重要阶段,它需要一定时数的低温才能正常生长发育,把打破落叶果树自然休眠所需要的有效低温时数叫需冷量,它是果树区划最根本的因素。山西省农业科学院果树研究所对国家枣种质资源圃内24个品种枣树冬季休眠的阶段性、需冷量进行了测定,认为把犹他模型作为山西省晋中地区枣品种需冷量的低温标准较为合适,24个枣品种的需冷量为399 ~ 580 CU(低温单位)。

(三)抗冻性

抗冻性的研究对象主要是'台湾青枣',其与落叶果树中国枣同科同属不同种,无休眠期。作为一种热带亚热带果树,'台湾青枣'生长需要较高的温度,处于5 ℃以下就停止生长,是典型的喜温植物。对北京昌平地区棚栽的'台湾青枣' 13个品种,从9月26日至翌年2月25日分析叶片含水量、叶绿素含量、叶片电导率、叶片可溶性糖含量及过氧化氢酶活性等生理指标,表明'台湾青枣'在北京地区进行设施栽培能够正常越冬。

(四)果实品质

果实品质与栽培设施内的温度及果树的光合作用密切相关。研究表明,日光温室促早栽培'灵武长枣'的平均单果重和最大单果重略高于露地栽培枣树;果实中锌、铁含量明显高于露地栽培枣树;果肉密度、维生素C含量、总糖含量略低于露地栽培枣树。日光温室促早栽培'灵武长枣'果实口感较露地栽培稍差。

(五)环境控制

枣树设施栽培,要使果品提早或延迟成熟,提高果品的经济效益,关键是通过人为因素改变果树生长的外部环境,进行环境控制。

1. 设施结构

就目前的资料,设施红枣主要采用日光温室和大棚2种方式。日光温室大多为蔬菜所用的日光温室。东西向拱圆形钢架结构。多数温室长50 ~ 80米,宽9 ~ 11米,前部高1.5米,顶高3.5米,后墙高2.5 ~ 2.8米,墙厚1米,为砖土混合结构,占地面积为500 ~ 1000平方米,棚膜为聚乙烯无滴膜,膜上覆盖草苫保温,棚顶有自动卷帘设备,部分架设有日光灯补光及滴灌设备。成熟期可提早30 ~ 60天。进行大棚栽植,棚边桩净高1.5米,中桩净高2.5 ~ 3.0米,桩深50厘米，棚长由实际情况而定，为50～80米，棚内净宽10～12米，用水泥礅和铁丝等加强固定。成熟期可提早20天左右。用于避雨栽培的大棚多为临时或半固定的结构，立柱多依据树高确定，采用固定或可伸缩的棚膜或防雨材料。成熟期基本不改变。

2. 温湿度控制

一是低温暗光提早积累有效低温时数。对于促早栽植，需通过人工措施使枣树快速进入休眠状态从而提早积累有效低温时数。于10月下旬至11月上旬覆棚膜、盖草帘，使棚室内白天不见光，降低棚内温度，夜间打开通风口，使其尽快达到需冷量，提前结束休眠。二是扣棚升温。解除休眠后逐渐升温。扣棚前8～10天全园灌水、覆盖地膜，利于提高土温、气温，使根系提早活动。三是温湿度管理。升温后，按照枣树不同生育时期的要求控制温湿度。山西省林业和草原科学研究院分析遮雨棚设施结构对枣园温湿度的影响时发现，遮雨棚在晴天高温时有降温的作用，而阴雨天温度较低时则有保温的作用；遮雨棚阻碍了水分蒸发，相同条件下棚内湿度高于棚外；雨后棚内与棚外温度变化趋势基本一致，棚外湿度变化剧烈，棚内较为缓和。

3. CO_2控制

在冬季温室栽培枣树的环境中，其空间相对封闭，空气不能及时流通，再加之枣树在生长过程中的不断消耗，使得温室内的CO_2浓度严重不足，在100～250ppm（1ppm=1×10^{-6}）。CO_2浓度成为影响冬季温室枣树生长的关键因素。进行不同CO_2浓度施肥能使枣果营养品质及产量得到提升。枣果内总糖、还原性糖、维生素C在CO_2浓度为800ppm时含量最高，提升最为显著。而在CO_2浓度1000ppm时，有较高的糖酸比和产量。另外，CO_2浓度施肥能有效改进温室枣树设施果实的品质及产量，但增施过多的CO_2并不能有效提高产量。

4. 覆盖

经研究发现，覆盖可增加叶片叶绿素相对含量和植株生物量，提高产量，减少耗水量。覆盖还可增加果实体积、质量、可溶性固形物含量，改善果实品质。覆盖黑色地膜的枣吊长净增长量比对照增加了78.0%。白色地膜覆盖处理的叶绿素含量净增长量比对照提高了34.2%，叶面积净增长量比对照增加了23.7%。碎石、白色地膜、黑色地膜行内覆盖枣树树盘处理的果实单果重均高于对照。覆盖碎石和黑地膜覆盖还可提高果实可溶性糖的含量。覆盖处理有利于促进设施枣树营养生长与果实营养品质。

（六）农业措施

1. 定植时间与密度

为达到早期丰产高效的目标，一般定植时间为头年4～6月，使其得以充分适应当地生长环境，恢复根系及结果枝条。定植密度较大，一般行株距有：2.0米×2.0米（167株/亩），1.5米×0.7米（635株/亩），1.0米×0.5米（1334株/亩），1.5米×1.0米（445株/亩），1.5米×0.6米（741株/亩）等。通过头年的生长，翌年就可以高密度栽植，达到可观的产量和经济效益。

2. 前促后控技术

前促后控技术，即在生长前期促长整形和在后期控长促花保果，是实现枣树设施栽培优质高产的重要技术措施。一是前期促长整形。主要包括选择适宜树形，要求树体高度要低于上棚膜50厘米，以利于棚内通风透光，便于日常操作。主枝自上而下互不重叠和遮盖。摘心扩冠、增施氮肥、强化叶面喷肥等措施。二是后期控长促花保果。主要包括拉枝开角、摘心控旺、控水控氮、增施磷钾肥并适当掺施硼肥。枝条要尽量拉到与树干呈90度。一次枝摘心多在新枝长到30～40厘米或3～5个二次枝时进行；二次枝摘心在二次枝长到6～7节时摘顶心；枣吊摘心在中上部枣吊长到8～10叶时进行，利于调控和坐果。花期温湿度易于控制，主要通过适时抹芽、摘心、适量喷布激素和微量元素，结合叶面追肥达到促花坐果的效果。在幼果期、果实膨大期视土壤情况选择灌水措施。

第二节　山西枣树设施栽培现状

枣树是山西省重要的经济林树种之一，种植面积约315万亩，年产量约120万吨，约占全国红枣总产量的14%，对全省农业产业发展起到了重要的作用。近些年设施果树栽培由于应用地域范围广、技术不断完善、产量高、价格相对稳定等优点，逐渐受到种植户的重视和推广。

一、相关的栽植试验和研究

为了应对裂果等病害发生，以及提前或延后果品供应期，异地栽培等需求增加，枣树设施栽培在山西省各地均有开展应用。相关的栽植试验和研究开始于20世纪90年代，主要目的包括以下几点。

一是在运城等地开展的提早成熟栽培。临猗等县在引进山东沾化'冬枣'基础上，发展设施大棚种植，使枣果提前成熟上市，减少裂果等自然风险；并规划了鲜食枣产业发展的早、中、晚三大品种结构，使鲜食枣上市时间延长到了120天，解决了集中上市卖枣难、相互竞争压枣价的问题。主要栽培模式有塑料大棚（春棚）、日光温室棚（暖棚）和防雨棚等。

二是在晋中、吕梁等地为抵御成熟期降雨，解决裂果的避雨栽培。山西省林业和草原科学研究院于2012年研究的防裂设施枣园高效栽培技术成果，开展了避雨条件下枣园温湿度变化规律研究，明确了雨水和果面结露是导致裂果的主要原因，设计了新型枣园防裂专用遮雨棚；系统研究避雨条件下枣树的生长发育、营养生理特性以及树形结构、整形修剪和木质化枣吊结果等栽培技术，并在生产中进行栽培示范，降低了裂果损失，提高了枣园经营效益。遮雨棚密植园内木质化枣吊上的果实中矿质元素的含量均低于非木质化枣吊上的果实。避雨集约栽培条件下，枣吊木质化程度高，木质化枣吊坐果率高。

三是在大同等地开展的异地栽培。山西省林学会和山西省林业和草原科学研究院针对高寒区枣树设施栽培各物候期温湿度调控技术，确立了高寒区冬春季节夜间低温因子是限制枣树设施促成栽培的主要指标，提出了山西省高寒区枣树设施栽培各物候期的温湿度调控指标，其中促成栽培萌芽期的温度调控指标成为创新突破。研究提出了经济实用、操作性强的两种高寒区枣树设施栽培土壤升温、保温技术，该项技术除了升温、保温外，对于'冬枣''金丝小枣'等需冷量大的品种，既能使棚内土装保持较高温度，又能在低气温下成功破眠，达到早熟促成栽培的目的。还筛选出了6个鲜食品种和1个兼用品种用于高寒区设施栽培。

依托这些研究成果在大同、吕梁、晋中、运城等地相继开展了推广示范研究，为山西省枣树设施栽培研究和推广积累了一定的经验和基础，并获得较高的经济效益，同时又取得一些研究成果。

随着枣树设施栽培相关研究的逐步开展，要确保枣树设施栽培技术的更好发展，需要加强许多方面的研究工作，围绕设施条件下，在引选适合的枣树品种，树体生长发育的规律、生理特性、营养元素动态变化，土肥水理化性质，病虫害发生及防治措施，设施结构优化等方面，通过在不同地域、不同模式、不同类型设施栽培条件下，枣树的生长发育特点及适宜性，建立相应的规模化、标准化栽培措施，提出适合不同品种、不同地域设施栽培的规范化优质高效生产技术模式，实现枣树设施栽培产业的标准化生产。同时在设施配套生产设备的研发上加强研究，以便于提高设备的生产效率、可靠性和使用年限等。

二、枣树设施栽培类型及管理

（一）防雨棚栽培

防雨棚采用的多为竹木、竹木混凝土立柱或钢架结构，用防雨布、塑料薄膜等覆盖，四周通风。棚布可分为伸缩和固定两种，伸缩棚布使用防雨布、纶纺布料或塑料薄膜等材料，雨天展开，晴天折叠，应用灵活，对枣树光合作用及果实着色没有影响；固定棚布通常使用塑料薄膜。由于使用时间较短，多数选择成本较低或容易拆换的材料搭建。防雨棚栽培可以使枣果免受成熟期雨水侵害，减少裂果的发生，投资成本相对较低，每亩为0.3万～0.4万元。主要在枣果成熟期前搭建，比露地栽培效益增加2～3倍。栽植的品种因地域不同而不同，多见'壶瓶枣''冬枣''骏枣''赞皇大枣''木枣'等。

（二）塑料大棚栽培

塑料大棚栽培主要采用竹木、竹木混凝土立柱或钢架结构，覆盖塑料薄膜，起到提早或者推迟枣果成熟及抵御降雨等病害的作用，但成本因材料的不同而差异较大，每亩0.7万～5.3万元不等，使用的年限与效果也存在差异。选用品种多数为'冬枣''壶瓶枣''骏枣''蜂蜜罐''冷白玉''六月鲜'等。每年可以使枣果提前成熟，比露地栽培效益增加2～5倍。

竹木大棚使用的框架材料以竹竿、木料等为主，优点是搭建简单且成本较低，缺点是使用年限短，不容易控制棚内的温度、湿度及光照，操作较费时费力，目前随着设施管理技术的提高，已逐渐减少应用。钢架大棚使用钢材为主体结构，优点是结构牢固、使用空间大、操作方便、使用年限较长、可以增加安装配套设备，如卷膜机、通风及温湿度控制系统等，但缺点是建设成本较高，后期维护难度及成本较大。

（三）日光温室栽培

日光温室由两侧和后墙作为基础保温层，根据基础的不同又分为土墙结构基础、砖混结构基础、钢架结构基础等。此类设施在晋北、晋中、晋南等地区均有，根据不同地区的气温和使用情况，添加加温设备。为了更好地采光，日光温室的方向一般为东西走向，偏西5～8度，高度一般为3.2～4.0米，宽度为7.0～9.0米，长度为50.0～80.0米，砖墙结构墙体厚度为1.2～1.5米，土墙结构墙体厚度为4.5～5.0米，其顶部厚度1.5～2.0米。高寒地区一般在距温室0.5米处，还需要挖深0.5米、宽0.5米的防寒沟。加盖棉被、草苫和地膜。当最低气温到零摄氏度以上时开始扣棚膜。常用的枣树品种为'冬枣''壶瓶枣''骏枣''冷白玉''六月鲜'等。新建的标准日光温室每亩投资较高，约5.3万元，根据配套的加温设备及相应控制系统的不同成本也较大。日光温室枣树3年生时每亩可以产鲜枣750千克左右，由于上市时间早，价格在每千克50～100元，比露地栽培同面积效益增加3倍以上。日光温室对枣树光合作用有一定影响，减少光照约40%，因此选育和使用耐弱光的枣树品种很重要。

三、存在问题

近年来，山西省枣树设施栽培发展迅速，各地政府林业部门均有项目支持发展各类大棚，但山西省与其他发展较好的省份相比，还存在较大的差距，如在品种结构、专用品种引种选育、设施结构、高效安全生产、果实品质、物候期调控以及产业化等方面还存在较多的问题。

1. 品种较为单一，栽培技术要求高

目前，山西省的枣树设施栽培使用较多的为'冬枣'品种，以运城地区最典型，由于没有更好的替代品种，就会导致成熟期间隔小，集中上市，价格就会受到影响。由于设施栽培要求管理技术水平要高，如果管理不得当，极容易造成果实的含糖量下降、风味变淡、着色不良、果小或畸形果等问题。另外在这种栽培方式下，其生态条件发生了明显变化，受人为因素的影响较大，通风差的大棚内常出现高温，尤其是无风晴天下，棚内盛花期时气温过高，造成枣吊营养生长过旺，生殖生长较弱，引起成花坐果情况不良等现象。同时，病虫害发生的种类、数量等与露地也有很大的不同，虫害很容易造成部分优势种群的暴发。考虑到食品安全问题，需要严格按照绿色安全标准开展农业防治为主、化学防治为辅的模式开展病虫害防治，而且要以前期防治为主，采取农业防治、生物防治等多种防治措施，投入也较大。

2. 标准化生产尚未建立，成本控制难

近些年，发布实施了一些林业行业及地方标准，如《大棚冬枣养护管理技术规程》（LY/T 3095—2019）、《冬枣塑料大棚建造技术规程》（DB61/T 1241.8—2019）、《冬枣设施栽培技术规程》（DB61/T 1241.4—2019）、《冬枣设施促成栽培技术规程》（DB64/T 1811—2021）等，山西省也发布了《鲜枣冷棚设施栽培技术规程》（DB14/T 1583—2018）、《冬枣日光温室生产技术规程》（DB14/T 1675—2018）、《壶瓶枣避雨设施栽培技术规程》（DB14/T 2072—2020），但总体来说，山西省还没有一系列完善的枣设施栽培标准化体系，从枣树标准化大

棚、温室建设及栽培技术应用推广上仍然有欠缺。不少农户为了节约成本往往采用一些土办法，这些土办法经常会造成一些新的问题，不利于生产效率的提高。另外，枣树设施栽培还存在生产分布范围广且分散，规模化生产和集约化程度低，在实际操作中出现重生产，轻果品采后控制及品牌经营等现象。目前，山西省的枣树设施生产形式单一，基层科技队伍不稳定，技术水平不高，劳动力数量不足，种植户们没有稳定充足的经费支持，也严重影响了枣树设施生产技术的应用推广。

设施栽培前期建设投入及后期管理成本较高，也是设施栽培推广遇到的重要问题。虽然基础性的建设，如钢架、墙体等前期投入，可以通过补贴、贷款等多种方式解决一部分，但生产过程中的资料消耗成本也是难点，如覆盖大棚的棚膜，进口的高透光率无滴膜虽然采光好，但成本也较高，远高于普通国产膜。

3. 研究较为滞后，设备专业化低

随着枣树设施栽培应用范围的扩大，相关的研究也在逐渐增多，山西省的相关研究大多以栽培技术、病虫害防治等方面为主。针对基础性的适宜品种引种选育、生长发育、果品控制等研究尚少。另外由于设施专用棚膜、结构优化设计、机械设备等研究不足，缺乏设施栽培专用材料和设备，造成设施结构不合理、自动控制设备不配套、机械化水平低、生产效率差等问题。山西省枣树设施沿用蔬菜大棚的结构模式，这些结构模式虽然具有棚架结构简单、成本低、投资少、保温性能好等优点，但存在不适宜喜光枣树的生长、影响树体控制等缺陷。

第三节　陕西和宁夏枣树设施栽培现状

一、陕西大荔枣树设施栽培

20世纪90年代，大荔引进'冬枣'，那时种植以露地为主，销售期集中在9月下旬～10月下旬。由于花期温度高，'冬枣'坐果率低，且成熟期遇雨易裂果，因此，'冬枣'仅限于大荔县安仁镇、埝桥镇，面积不足10亩，产量500千克/亩，收入2000元/亩。从2005年以后开始推广高产栽培技术，借鉴大棚西瓜的栽培经验，改露地栽培为设施栽培，解决了花期遇高温焦花，成熟期遇雨裂果两大问题，打开了市场销路，收入达到2万元/亩以上。随后大荔'冬枣'种植面积急剧扩大，从2010年到2020年的十年期间，发展到42万亩，产量50万吨，产值50亿元。

（一）设施栽培的主要模式

目前，大荔'冬枣'设施栽培分三种模式，包括塑料大棚栽培、温室栽培和避雨栽培。塑料大棚栽培分为两种：第一种是钢架棉被大棚，棚体为全钢骨架，脊高3.6米，底部设有支撑杆，长度因地而定，外部覆盖棉被，保温性能较温室差，果实成熟期7月中旬～8月中旬，产量1500千克/亩，产值4万～5万元/亩。钢架棉被大棚因其土地面积利用率高、遮阴少、抗风力强、作业方便、果实成熟早、效益好等特点，推广利用逐渐增加。第二种是简易塑料大棚，建材以"水泥桩＋竹木""水泥桩＋钢管"为主，棚体两边肩高1.5～2.0米，脊高2.8～3.0米，保温性能差。果实成熟期8月中旬～9月下旬，产量2000千克/亩，产值2万～3万元/亩。该模式约占设施栽培面积的85%。

温室栽培一般墙体底宽1.2米、顶宽0.8米，北墙高2.8～3.0米，长80～100米；东西山墙脊高4.5～5.0米，跨度10米。支撑骨架由镀锌钢管弯成拱形搭建，保温性能较好，果实成熟期为5月中旬～7月中旬，产量1000千克/亩，产值5万～10万元/亩。该模式约占栽培面积的10%。

避雨栽培以"水泥桩＋竹木""水泥桩＋钢管"为主，在高于树体0.5～0.6米处搭建"人"。字形架，上覆塑料薄膜，防止果实淋雨。成熟期9月中旬～10月下旬。产量2500千克/亩，产值1.5万～2.0万元/亩。该模式约占设施栽培面积的5%。

（二）应用的关键技术

温室有效低温时数达到431小时后开始覆膜，大荔县一般在11月下旬～12月上旬开始覆膜。钢架棉被大棚、简易塑料大棚1月下旬～2月上旬开始扣棚。

保花保果实行枣吊摘心、留辅养枝环剥和喷植物生长调节剂相结合的形式。枣吊留10～12个叶片摘心，节约营养，促蕾壮蕾。盛花期环剥，集中营养，提高坐果率。盛花期喷赤霉素每千克10～15毫克+0.1%硼肥+0.01%苔薹素内酯3000倍液，调节树体激素水平，提高坐果率。

开展"诱虫灯、粘虫板、诱虫带、性诱剂诱芯"物理防治技术的推广应用，减少化学农药的使用次数和用量，提高'冬枣'品质和节本增效。病虫害综合防治效果达到95%，产品农残检测合格率100%。

（三）设施栽培经验

1. 确定枣树优生区

在制定的陕西省地方标准《冬枣绿色生产标准综合体》中，对'冬枣'优生区的主要指标做了明确的划定。土壤要求通气、透水性强，保肥保水，土层深度≥2.0米，地下水位＞2.0米，有机质含量≥1.0%，总盐量＜0.3%，pH值5.5～8.5；年平均温度≥12℃，≥10℃积温2000℃，果实发育期日温差≥9℃；年降水量400～700毫米或有灌溉条件的区域为'冬枣'的优生区。以上条件均具备的，成为陕西省主栽区。

2. 社会化服务体系健全

完善配套的社会化服务体系是保证冬枣质量，提高冬枣效益的有效手段。产前，大荔县保证农用物资调运、供应工作正常运转；农业相关技术部门分重点适时开展生产技能培训及推广标准化生产技术等服务。产后，主要抓流通服务，在政府扶持下，'冬枣'集中栽植的镇、村建立秩序良好的交易市场，同时鼓励企业、合作社，在北京、深圳、昆明等城市设立'大荔冬枣'形象店，使之成为集产品销售、信息搜集、品牌宣传等功能为一体的体验店。引进电商将优质的'大荔冬枣'销往全国各地，有力地促进了枣产业的发展。

3. 重视品牌建设

2014年底，大荔县完成国家证明商标的注册，并进行国家地理标志产品认定和绿色产品认证。目前，大荔县通过"三品"认证的冬枣企业20家，25.5万亩'冬枣'获得绿色食品证书；2016年，'大荔冬枣'荣获全国名优果品区域公用品牌，2017年荣获"消费者最喜爱的中国农产品区域公用品牌"，'大荔冬枣'连续6年跻身"中国果品区域公用品牌价值榜15强"；2018年，首届中国农民丰收节的"100个农产品品牌"中，'大荔冬枣'榜上有名，2020年品牌价值达到48.3亿元，成为大荔县唯一具有价值的农业品牌。2020年又荣获"2020年度最受欢迎的果品区域公用品牌100强"。

4. 科技应用逐渐普及

科技进步是提高'冬枣'效益的重要抓手。一方面积极开展科学试验，通过肥料、农药、栽培方式等一系列试验，制订一套《冬枣绿色生产标准综合体》，并于2019年通过专家评审，经陕西省技术监督管理局批准发布，于2019年5月起实施。另一方面应用现代农业新技术。在推广绿色标准化栽培的同时，推广智能温度、湿度自控等物联网技术，以及自动卷帘机、自动卷膜器等设备。枣农通过手机软件就可实现'冬枣'大棚的远程监测和自动化操控，省力、省工、省时，把果农从繁琐的作务中解放出来。第三方面强化技能提升。为了提高枣农管理水平，更好地应用现代化技术，通过多年高素质职业农民培育，开展初级职业、中级职业、高级职业农民培训，培养出一批懂技术、善经营、会管理的新型职业农民。

二、宁夏灵武枣树设施栽培

枣产业是宁夏地方优势特色农业产业，种植品种主要有'灵武长枣''同心圆枣''中宁圆枣''骏枣''灰枣'等，灵武市设施林果自2008年开始规模发展，现有枣树设施15万亩。其'灵武长枣'设施栽培已经形成了比较完善的促早栽培配套管理技术，使设施枣果由提前30天上市到目前的提前150多天上市，管理好的棚，每亩产值达2万～3万元。2006年开始又从山东引进'沾冬1号'和'沾冬2号'进行种植。

（一）设施栽培的主要模式

1. 设施类型

应用的设施类型主要为日光温室和塑料大棚。日光温室前屋面均为钢架结构，墙体有土墙结构、砖混结构、保温材料结构等，新发展的日光温室以墙体为保温材料。加温型日光温室在内部增加加温设备，目前加温设备主要有电暖气加温、热风机加温、地热锅炉加温等，近两年多以热风机加热。

塑料大棚分全钢架结构和砖混钢架结构，新建棚多为全体钢架结构。塑料大棚又分有保温被和无保温被（冷棚），棚体有单栋和连栋两种模式。

2. 栽培模式

普通设施栽培模式：棚温主要通过光照和保温被来调控。依靠普通日光温室或塑料大棚设施，无高垄，平地栽培。具有矮化密植、行多沟多、用工操作不便、树体不通透等特点。此类枣树设施果实成熟期在5月下旬至8月下旬。

加温设施栽培模式：温棚内采用垄沟和加温设备提高温度，加温包括空气与根区的加温，具有深沟、高垄的特点，更利于营造枣树开花结果的适宜温度。此类枣树设施果实成熟期在4月下旬至6月下旬。

露地改建枣树设施栽培模式：将露地栽培10年以上的枣园改建成枣树设施，以改建塑料大棚为主，个别改建为以保温材料为墙体的新型日光温室。改建棚要求树体先更新后建棚。此类枣树设施具有株行距宽、树冠大、树体通透、单株产量高、便于机械操作等特点。果实成熟期与普通设施栽培模式一样。冷棚枣果上市在9月上中旬。

温室控根技术栽培模式：包括固定控根栽培和移动控根栽培两种模式，目前固定控根栽培模式处于示范阶段，移动栽培模式属于试验阶段。固定控根栽培成熟期可提前至4月份。

（二）应用的关键技术

1. 扣棚升温

普通设施栽培暗光低温促眠，于上年11月份扣棚盖被，揭底风口至封冻时关闭风口，12月至1月（冷棚1月下旬）开始升温。1月升温棚无需采取促眠措施。加温棚需采取促眠破眠技术，于9月下旬开始通过盖被通风降温、人工落叶促眠，10月下旬至11月上中旬喷、抹破眠剂开始升温。控根固定栽培模式促眠破眠技术同加温棚处理一致，控根移动栽培模式促眠需在冷库条件下进行。升温初期，在棚内高湿条件下，采取高温闷棚措施，温度控制在40℃以内，室内温度调控通过适度放被遮阳实现，不开风口，时间20天左右。

2. 棚内温湿度管理

棚内温度管理每天日出后揭被增温，日落前放被保温，萌芽后在保温前提下尽可能延长日照时间。萌芽前昼温 15 ～ 38℃（闷棚温度），夜温 0 ～ 5℃；萌芽后昼温17 ～ 28℃，夜温5 ～ 10℃；抽枝展叶期昼温18 ～ 28℃，夜温10 ～ 15℃；花期昼温23 ～ 28℃，夜温12 ～ 18℃；果实发育期昼温25 ～ 30℃，夜温 15 ～ 20℃；当日温最低温度稳定在18℃时，近似大田管理。棚内增温、保温管理技术12月之前开始升温的温棚在萌芽开花期需采取保温措施，如上热风机、地暖、电暖气等夜间增温设施。棚内湿度管理要求萌芽前相对湿度50% ～ 80%；抽枝展叶期相对湿度 40% ～ 60%；花期相对湿度50% ～ 80%；幼果期相对湿度40% ～ 60%。

3. 整形修剪

枣树设施树形以纺锤形为主，少量采取开心形和主干形。休眠期修剪，以清理（疏枣吊、短桩）和主枝更新修剪为主；主要方法：疏枝、极重回缩、短截等。生长期修剪，以抹芽、开角为主；修剪方法：抹芽、拉枝、拿枝、摘心等。

4. 土肥水管理

采取生草、覆盖和清耕等措施进行土壤管理。施肥采用基肥和追肥。基肥时间：8月下旬至10月中下旬；沟施或垄沟撒施；一般施腐熟农家肥15 ～ 50千克/株 +（0.5 ～ 1.0）千克复合肥 + 适量微生物菌剂。在基肥施足的前提下，追肥以冲施、施肥枪施、叶面喷施、滴施为主，选择使用平衡型复合肥、生物有机肥、水溶性有机肥、水溶性微生物菌肥、微生物菌剂等。灌水方式有滴灌、沟灌、漫灌。推广枣树设施水肥一体化。

5. 花果管理

盛花期喷施坐果剂，注意棚内湿度，防止霉花；着色期注意遮盖防止日灼、裂果；采收期适时滴灌补水，防止果实缺水。

6. 病虫害防治

重视应用石硫合剂，重点防治桃小食心虫、枣瘿蚊、红蜘蛛、梨圆蚧等虫害；花期防止霉花病；果实着色期，重点防治枣裂果病和日灼病。具体措施：在扣棚后，升温前进行修枝、清理枯枝落叶，升温后10天喷5°Bé石硫合剂，刚萌芽喷2°Bé石硫合剂来预防粉蚧、红蜘蛛等多种虫害，展叶期喷苦参碱或吡虫啉预防枣瘿蚊，幼果初期喷施甲氰菊酯预防桃小食心虫，幼果中后期喷施阿维菌素预防红蜘蛛，施药同时配合叶面肥。

（三）设施栽培经验

为了让'灵武长枣'提前上市并规模发展产生更大的经济效益，科研人员针对技术、标准开始攻关，在灵武市大泉林场建立的试验棚，成功将成熟期提前近两个月，并在全区发布设施'灵武长枣'栽培技术规程。灵武市大泉和北沙窝林场发展起千亩设施'灵武长枣'基地，同时发展的还有其他公司。在解决枣树的提前休眠、提前升温问题基础上，研究出移到冷库降温、入盆冷处理、错季升温、日光温室、塑料大棚、人工加温设施等，使成熟期提前近两、三个月，甚至近四个多月。

宁夏针对设施'冬枣'产业初期，规模较小，标准不统一，宁夏立地环境条件与其他省（自治区）差异较大，未制订'冬枣'设施化栽培技术规程，缺乏成熟、规范的技术指导等问题，投入大量科技项目针对'冬枣'设施栽培在宁夏不同地区在整形修剪、配方施肥、生物防治病虫害、人工打破休眠技术、温湿度环境调控等方面，引导开展试验示范工作。通过多年来的试验研究，利用设施栽培创造适宜、安全的生长环境，改变'冬枣'发育期进程，使之提早成熟。成熟期提前至6月上旬，市场供应从露地栽培成熟的9月下旬至10月，延长至从6月上旬至10月。'冬枣'设施栽培有成熟早、产量高、品质好、无公害等优点，又能取得非常可观的经济效益，有的拱棚种植的冬枣每亩产值可达3万元以上。与其他设施果树树种相比，设施'冬枣'的栽培随着人们对果品需求的多样化，市场需求量不断增大。

第二章
枣树特性及品种

第一节　枣树设施生物学特性

一、物候期

设施栽培可以使枣树物候期改变。除遮雨棚外，不同设施栽培环境枣物候期存在较大的差异性，不同年份或不同地域枣物候期早晚也有所差异。分析对比温室大棚枣树栽培表现，发现总体上物候期比露地栽培能提前30～70天，果实发育期比露地栽培短10～20天。如暖棚'冬枣'物候期最早，可提前30～45天成熟，冷棚次之，也可提前近30天成熟。设施栽培延长了枣树花期和果实生长发育期，并且延后了落叶期。

（一）温度与物候期

温度是影响枣树生长发育最重要的气象要素之一，在不同生长发育期间枣树对温度的要求不同，设施栽培最关键的技术就是合理调控温度，以满足枣树生长发育的需求。设施栽培具有明显的增温作用，不同地区不同的设施条件对枣树生长发育的温度条件有所差异。无温度调控的情况下，一般枣树萌芽期设施温度低于露地温度，而花期至果实成熟期，设施栽培内温度稍高于露地温度。1～3月份设施栽培温度与露地栽培温度日变化周期趋势基本一致，设施栽培在下午3时至4时达到日最高温度，在上午8时至9时达到日最低温度。与露地温度相比，2～3月份设施内温度明显提高。

试验发现，当棚内温度为15.4 ~ 15.8℃时，'冬枣'开始进入萌芽，白天温度保持在24.7 ~ 25.4℃，夜间温度7.4 ~ 7.7℃；当平均温度维持在21.7 ~ 24.9℃时，有利于顺利进入开花期；幼果生长期要求平均温度25.5℃左右，果实成熟期平均温度26.5℃左右，在成熟期昼夜温差大有利于对枣果糖分的积累，提高果实品质。宁夏灵武市对设施'冬枣'温湿度管理做了研究，得出'冬枣'萌芽前适宜温度为1.0 ~ 15.0℃，相对湿度70.0% ~ 80.0%，平均地温6.0 ~ 11.0℃；花期适宜温度为25.0 ~ 28.0℃，相对湿度80.0% ~ 90.0%，平均地温12.0 ~ 13.0℃；幼果期适宜温度为25.0 ~ 28.0℃，相对湿度65.0% ~ 70.0%，平均地温14.0 ~ 16.0℃；硬核期适宜温度为28.0 ~ 30.0℃，相对湿度65.0%，平均地温18.0 ~ 22.0℃；膨大期适宜温度为30.0 ~ 33.0℃，相对湿度60.0% ~ 65.0%，平均地温22.0 ~ 25.0℃。大荔县日光温室'冬枣'物候期温湿度控制标准，萌芽期白天温度应小于28.0℃，夜晚大于12.0℃，初花期控制白天温度22.0 ~ 23.0℃，夜晚大于15.0℃，盛花期白天24.0 ~ 26.0℃，最高温度不超过32.0℃，夜晚大于16.0℃，果实膨大期适宜温度在25.0 ~ 27.0℃范围，最高温度不超过35.0℃，成熟期适宜温度22.0 ~ 25.0℃。

（二）湿度与物候期

湿度的调节对设施栽培枣树物候期也非常重要，不同扣棚期和设施栽培管理技术的差别影响枣树生长发育所需要的湿度环境。设施栽培相对湿度和露地相对湿度变化大致相似，一年中，相对湿度和温度的变化趋势相反。

有试验发现，花期湿度暖棚为51.8%、冷棚为39.7%、露地为50.7%，虽然平均相对湿度较低，但从花期湿度变化看出，在进入盛花期时，湿度明显增高，盛花期正是坐果的最佳时机，因此，在盛花期选择喷水等措施提高湿度，有助于坐果率的提高。幼果期湿度暖棚为57.0%、冷棚为64.6%、露地57.1%；成熟期湿度暖棚为62.4%、冷棚75.7%、露地66.3%。所以扣膜到萌芽期空气湿度以70.0% ~ 80.0%为宜，花期最适宜的空气湿度为70.0% ~ 100%。研究日光温室'冬枣'促成栽培，得出在升温催芽期湿度不低于61.0%，枣吊花蕾生长分化期湿度不低于40.0%，开花坐果期湿度不低于70.0%。研究表明，花期和幼果期棚内空气湿度控制在50.0% ~ 70.0%，当温度过高、湿度过大时要通过打开天窗、卷起四周棚膜进行通风，花期遇高温干旱，空气湿度 < 60.0%时进行喷水，1 ~ 3天喷一次，以提高坐果率，果实生长期要保持棚内湿度相对稳定，湿度过大时要及时排水，防止或减少裂果。

1月份暖棚相对湿度高于冷棚和露地，冷棚和露地相对湿度基本接近；2月份相对湿度大小为冷棚＞暖棚＞露地；3月份冷棚相对湿度最高，暖棚湿度仅次于露地。暖棚萌芽期平均相对湿度为37.2%，冷棚为84.5%，露地为35.1%，萌芽期平均相对湿度大小为冷棚＞暖棚＞露地。

（三）地域与物候期

同一枣树品种物候期在各个地区存在一定的差异，枣树设施较露地提前成熟与上市的时间，与各地气象条件及设施栽培方式及管理技术有一定的关系。

如新疆设施栽培的暖棚'冬枣'3月初萌芽、3月中下旬花芽分化、4月中旬开花、7月中旬果实脆熟期、7月中下旬成熟；冷棚'冬枣'3月中旬萌芽、4月初和中旬展叶和花芽分化、5月上旬开花、8月初果实脆熟；露地'冬枣'4月下旬萌芽、5月上旬花序出现、5月下旬至6月中下旬花期、9月上旬脆熟期、9月下旬完全成熟，与露地'冬枣'相比，暖棚'冬枣'提前30～45天上市，冷棚'冬枣'提前30天上市。山东沾化露地栽培'冬枣'4月萌芽期、4月下旬至5月展叶期、5月下旬至7月上中旬开花期、7月至8月生长期、9月至10月成熟期、10月下旬至11月上中旬落叶期；而日光温室能使'冬枣'的物候期比露地萌芽期提前70～74天，盛花期提前53～62天，果实采摘期提前40～67天。云南地区对'冬枣'进行不同时间扣棚处理，均可使'冬枣'各个生长阶段的物候期提前，提早果实上市时间，萌芽前扣棚处理可使'冬枣'果实完熟期较对照提早14天。宁夏灵武棚栽'灵武长枣'可使其成熟期比露地提前30～40天。在晋中地区温室栽培'壶瓶枣'的物候期，萌芽、初花、盛花、坐果和成熟期，分别比露地提前55天、46天、53天、55天、37天。陕西大荔研究结果表明，虽然萌芽期、抽枝展温室枣树栽培能使枣树的物候期提前，果实发育期缩短，促进营养生长，并且提高产量，但是果实的可溶性固形物有所降低；在日光温室内栽培的'冬枣''六月鲜'和'梨枣'的物候期可以提前60～70天，果实发育期和露地栽培相比缩短10～20天；不同品种枣的物候期早晚有所差异，上述3个品种中'冬枣'的物候期提前效果最明显，比其他两个品种提前10天左右。

二、生长发育特点

（一）营养生长

在设施内栽培枣树营养生长以及抽枝量和每股枣吊数增加突出，但枣吊长度增加不如前两项明显。试验结果表明，在日光温室内枣树营养生长以及果吊率和露地相比都有提高，抽枝量比露地平均提高40.0%，平均枣吊数增加27.0%，平均枣吊长度增加16.2%，果吊率平均提高33.5%。

（二）产量与品质

果实品质是果树栽培的主要关注目标，果实品质的好坏直接影响着果树的经济价值。虽然设施内具有良好的湿度、水肥条件等坐果条件，较露地的栽培管理提高了坐果率，对产量有明显的提高作用，但光照通风等因素不如露地栽培，如不当的管理会影响果实可溶性固形物的积累。果实外观品质的快速增加时期为幼果期至白熟期，设施栽培的果实外观也较露地栽培好。

研究表明，避雨栽培提高了枣果纵横径、单果重，使得枣果表皮着色均匀且无枣锈生成，但是避雨栽培对果实果形指数的影响不大。枣果正常生长发育需有较高温度和湿度的环境条件，但在果实成熟期则需要较低的降水，这有益于提高枣果的品质。因此，遮雨棚可以为枣树快速生长提供较为适宜的条件，使单果重有所提高。另外，研究发现日光温室'冬枣'单果重19.8克，果实纵径35.5毫米，果实横径34.1毫米，果形指数1.04，均高于其他设施栽培'冬枣'单果重为16.4 ~ 18.0克，果实纵径31.5 ~ 33.7毫米，果实横径31.9 ~ 32.3毫米，果形指数 0.99 ~ 1.04。

果实硬度与果内多聚半乳糖醛酸酶（PG酶）活性有关，PG酶活性高时果实硬度则显著下降。研究发现，设施内增加了空气温度，使枣果内PG酶活性高于露地栽培的PG酶活性，从而降低了枣果硬度，增加了枣果中可溶性固形物的含量，而可溶性固形物的增加可以改善果实口感，提高商品价值。

（三）光合特性

1.叶绿素

不同枣树品种叶片的叶绿素和氮元素含量存在一定差异。枣吊中部位置叶片的叶绿素含量相对稳定，可以反映整个枣吊叶绿素的含量，进而体现枣吊的光合作用。研究表明，设施大棚内生长期不同枣树品种叶片的叶绿素和氮元素含量存在极显著差异，'骏枣'叶片的叶绿素和氮元素含量显著高于'七月鲜'和'蜂蜜罐'的，说明设施内'骏枣'叶片的光合作用显著高于'七月鲜'和'蜂蜜罐'叶片的光合作用。设施栽培内光照强度会受到棚膜、结构的影响，因此在引种时，要详细研究枣树品种的特性，保证其光合作用。叶绿素的最适温度约30℃，从测定叶绿素及氮元素含量看，叶绿素含量及氮元素含量均随着温度的增加而增加；叶面温度从23℃到25℃时叶绿素和氮元素含量存在显著性差异，但从31℃到33℃时，不存在显著性差异，说明设施能显著增加空气温度，促进枣树提早生长，但是为了更好地保证枣树生长，要加强空气温度的调控，防止高温损伤叶绿素，影响光合作用。

2. 光合作用

枣树成熟期进行的避雨栽培，净光合速率与露地差异不明显，对其光合作用没有显著影响。研究山西日光温室内枣树光合作用时发现，设施内温度、湿度大部分高于同期室外，且年均温湿度分别高出室外43.6%、21.8%；设施栽培与露地栽培枣树的光合日变化均表现为双峰曲线，有光合"午休"现象，两次峰值分别出现在10点和15点。在设施栽培条件下，叶片气孔开张度较大，有利于气体交换，净光合速率高于露地栽培；设施栽培与露地栽培的枣树光饱和点均为每秒每平方米1520微摩尔，设施栽培枣树光补偿点为每秒每平方米89.3微摩尔，露地栽培枣树为每秒每平方米49.4微摩尔；设施栽培枣树CO_2饱和点为1652 ppm，光合作用CO_2补偿点为76.9ppm，露地栽培枣树CO_2饱和点为1883ppm，CO_2补偿点为90.1ppm，设施栽培枣树光补偿点高于露地，CO_2补偿点和饱和点均低于露地。

研究光照强度时发现，晋中地区4月份晴天设施内的光照减弱，约为室外的60.7%，对设施内枣树光合作用有一定影响，适当遮阴可以提高果实品质，但过度会使得果实品质下降，降低坐果率。这些均说明在保证设施内正常的温度、湿度和光照的条件下，设施栽培有利于枣树的光合特性，提高优质高效生产。但同时也需要选育具有较好耐弱光性，且对强光也有很好适应能力的枣品种。

三、需冷量与需热量

（一）需冷量

需冷量是果树打破自然休眠所需的有效低温时数，它是果树在长期适应环境的过程中所形成的对休眠期低温量的需求，当满足了需冷量后，才能保证其顺利完成自然休眠的阶段，若未完成自然休眠，即使升温给予果树适宜生长发育的条件，果树也不能正常发芽、开花，有时即使发芽、开花，但花芽发育不完整，花期长，花器官发育缺失，果实结实率低，达不到果树设施栽培的预期目标。所以，能否满足果树的需冷量要求是设施栽培落叶果树成功的关键因素之一。枣树为落叶果树，在设施栽培条件下，若需冷量不足，就会出现萌芽低且不整齐、花期延迟、坐果率低等现象，只有在解除自然休眠后，下一步才可以升温。

由于枣树的品种不同，需冷量也不相同（表2-1）。研究表明，晋中地区用7.2℃模型、0～7.2℃模型和犹他模型估算，'梨枣''不落酥''板枣''大叶无核枣'鸡蛋枣''相枣''壶瓶枣''骏枣''郎枣''团枣''黑叶枣'和'龙枣'等12个品种需冷量相同，通过三种模型计算出的需冷量分别为775小时、395小时和399低温单位，并于12月上旬自然休眠结束；'蛤蟆枣''奉节鸡蛋枣''孔府酥脆枣''蜂蜜罐''襄汾圆枣'和'赞新大枣'等6个品种需冷量相同，通过三种模型计算出的需冷量分别为1015小时、403小时、401低温单位，于12月中旬完成自然休眠；'金丝小枣''绵枣''晋枣''鸡心蜜枣'和'冬枣'等5个品种的需冷量相同，通过三种模型计算出的需冷量数值分别为1737小时、569小时、521低温单位，于1月中旬完成自然休眠。因为不同品种的需冷量差异性显著，根据需冷量的要求，在开展覆膜、确定升温的时间等工作时，应依据设施条件、品种特性、上市时间而调整。特别是需要提前果实的成熟时间时，升温过程中，树体必须通过休眠。

表2-1　不同地区不同枣品种0～7.2℃模型下需冷量

品种	栽培地区	低温时数/小时	品种	栽培地区	低温时数/小时
京枣39	新疆露地	285	骏枣	山西露地	395
八月炸	新疆露地	462	郎枣	山西露地	395
马牙白	新疆露地	468	团枣	山西露地	395
尜尜枣	新疆露地	486	黑叶枣	山西露地	395
伏脆蜜	新疆露地	498	龙枣	山西露地	395
露脆	新疆露地	562	蛤蟆枣	山西露地	403
宁阳圆红枣	新疆露地	587	奉节鸡蛋枣	山西露地	403
胎里红	新疆露地	602	孔府酥脆枣	山西露地	403
大树冬枣	新疆露地	657	蜂蜜罐	山西露地	403
骏枣	新疆露地	668	襄汾圆枣	山西露地	403
辣椒枣	新疆露地	683	赞新大枣	山西露地	403
七月鲜	新疆露地	782	大雪枣	山西露地	549
大灰枣	新疆露地	792	金丝小枣	山西露地	569
疙瘩脆	新疆露地	912	绵枣	山西露地	569
新郑铃枣	新疆露地	>912	晋枣	山西露地	569
六月鲜	新疆露地	>912	鸡心蜜枣	山西露地	569
金丝新2号	新疆露地	>912	冬枣	山西露地	569
蜂蜜罐	新疆露地	>912	马牙枣	天津设施	376
早脆王	新疆露地	>912	早脆王	天津设施	405

品种	栽培地区	低温时数/小时	品种	栽培地区	低温时数/小时
乳脆蜜	新疆露地	>912	沙窝枣	天津设施	578
梨枣	山西露地	395	马铃脆枣	天津设施	578
不落酥	山西露地	395	红螺脆枣	天津设施	588
板枣	山西露地	395	冬枣	天津设施	605
大叶无核枣	山西露地	395	灵武长枣	宁夏露地	442
鸡蛋枣	山西露地	395	灵武长枣	宁夏设施	415
相枣	山西露地	395	冬枣	宁夏设施	418
壶瓶枣	山西露地	395			

（二）需热量

枣品种的物候期和需冷量、需热量存在一定关系，需冷量和需热量之间呈正相关关系。以有效的热量积累，即需热量是作为芽萌发的衡量标准。在整个枣树生长的阶段中，萌芽较其他落叶果树迟，开花期、坐果期、着色期延后，物候期相对也晚，果实成熟推迟。当枣树的低温需求量满足后，一定热量的累积才能开花。设施栽培'灵武长枣'的需热量值最小，根据观察的物候期，其开花期早于'冬枣'和露地'灵武长枣'，初花期和盛花期也较早，从而成熟期提前。'灵武长枣''冬枣'适宜的萌芽温度20 ~ 25℃。不同品种的需热量也具有生态遗传的特性，通过分析不同的需热量测算模型，在不同模型下计算的需热量值也不同。以生长度小时模型计算的需热量值最大，露地'灵武长枣'在9534 ~ 16661GDH℃（生长度小时，表示每1小时给定的温度所相当的热量单位）、设施栽培'灵武长枣'为8827 ~ 8857GDH℃、'冬枣'的需热量达9593 ~ 10373GDH℃，有效低温需热量计算模型下值较小，不同品种分别为420 ~ 449GDH℃、216 ~ 227GDH℃、236 ~ 400GDH℃。

扣棚升温时间早晚对设施栽培至关重要，升温时间的确定要依据需热量、环境条件和升温后温室内是否有加温措施而决定，具体温度管理措施为白天保温被揭起升温，夜间放下保温被进行保温。由于温棚的保温性能良好、加温效果好，在科学合理的采光设计下，能满足枣树生长发育对温度的不同需求，可以较早覆膜；塑料大棚在不具有加温、保温措施的条件下，不能及时控制棚内温度变化，温度管理效果不佳，覆膜时间应较晚。对果树设施栽培的升温过程研究，认为温度管理的关键时期为：从升温至花期前后温度的管理，白天气温通常控制在

20 ～ 25℃，夜间气温在5 ～ 10℃温度范围内。这样在提早开花的前提下，保证了花器官发育质量，保证果树的坐果率，实现产量突破，使设施栽培果树高产优质；果实生长发育后期，也是温度管理的关键时期，最适温度在25℃左右，最高不超过30℃的温度范围。温度过高会导致果皮粗糙、颜色浅、糖酸度含量降低、品质低下。因此，后期的设施栽培温度管理中应注意通风换气的频率。

四、果实营养品质

（一）营养成分

枣果实营养成分中可溶性固形物、可溶性总糖、有机酸、蔗糖的快速增加时期为膨大后期至成熟期；糖代谢相关酶中，蔗糖合成酶、蔗糖磷酸合成酶的快速增加时期为幼果期至膨大后期。果实膨大期至白熟期为品质指标快速增加时期，也是果实品质形成的关键时期。

1. 可溶性固形物

可溶性固形物含量都随果实成熟而增加。研究发现，随着'中宁圆枣'果实的成熟，可溶性固形物含量从白熟期的11.1%增长到全红期的28.8%，与果实成熟期极显著相关。

2. 多糖

枣中的多糖具有降血脂、调血压及提高免疫力等功效，它在果实中占比为26% ～ 36%，在干制枣果中约含60%。果实中多糖含量丰富，成分也较为复杂，多糖含量是一个动态变化的过程，随着成熟阶段而变化，在白熟前期到全红期多糖含量呈上升状态，在全红期时含量达到最大值，随后下降直至趋于稳定。

3. 可溶性糖

可溶性糖包括果糖、葡萄糖和蔗糖，且果糖是最甜的。不同糖的组分、含量和比例不但直接影响果实质量，还影响果实的甜味等。枣果实发育初期，多糖含量较低，增长缓慢，随着果实的成熟度增加，成熟后期多糖含量也显著增加。在果实发育的前期阶段，转化酶与蔗糖合成酶共同作用影响果糖和葡萄糖含量的变化；果实生长发育的后期，蔗糖磷酸合成酶和蔗糖合成酶合成方向活性的增大促进了蔗糖的积累，在各种酶共同调节作用下，果实的品质得以形成。在硬核前'嘉平大枣'果实只有单糖积累，果核硬化后开始出现双糖。'中宁圆枣'白熟期，枣果中单糖含量较高，双糖仅占20.1%，同时蔗糖和果糖含量与成熟度呈极显著相关，葡萄糖含量和成熟度呈显著相关。

4. 维生素C

维生素C在枣的果肉及果皮中也大量存在，是评价鲜枣营养价值和新鲜度的重要指标。维生素C含量变化与生长发育呈极显著相关，在果实生长过程中呈先上升后下降的趋势，当果核完全硬化后到果实充分成熟时，维生素C含量缓慢下降。说明鲜食枣果实在生长前期大量积累维生素C，在成熟期时维生素C含量逐渐下降。采后的'冬枣'果肉中维生素C含量呈倒"V"字形变化；果皮中维生素C的含量直线下降，且果皮中的维生素C含量远低于果肉，当果实处于白熟期时，维生素C大量积累，随后衰老逐渐减少。维生素C含量与抗坏血酸氧化酶（AAO）变化呈负相关性，果皮内的AAO酶活性明显低于果肉，采后酶活性先降低后升高，在全红期达到最高峰。可推测枣果肉发生衰老、变质早于果皮，含AAO酶活性越高的品种越易发生腐败。

5. 酚类

鲜枣中多酚类物质主要以游离态、酯化态和结合态的方式存在，具有抗氧化作用且能够有效地清除自由基。随着枣果成熟度的增加，果皮颜色变红变暗，质地逐渐变软，枣果营养成分增加，总酚含量逐渐减少。如不同成熟期'灵武长枣'总酚含量随果实成熟而逐渐下降，其中白熟期含量最高，全红期含量最低。'冬枣' 4个成熟阶段枣果的总酚含量呈逐渐下降趋势，排序为青绿色>青红色>黄白色>深红色。近年来研究发现枣皮比枣肉中的抗氧化成分含量更丰富，即在成熟过程中，枣皮中多酚含量呈减少状态，在深红色阶段含量大幅下降，果皮与果肉在不同成熟时期多酚含量不同，在全红期时果皮多酚含量最低，全绿期果肉多酚含量最低。大量试验证明果皮中的酚类物质远大于果肉。

6. 黄酮类

常见的黄酮类物质按照成分有槲皮素、芦丁、儿茶素、白藜芦醇及其衍生物等，按照结构可分为黄烷醇类、黄酮醇类等，如'冬枣'中主要是以芦丁及其槲皮素衍生物为主构成黄酮组分，具有抗癌、抗自由基、抗氧化及镇静作用。随着枣果成熟度的增加，枣果总黄酮含量逐渐减少。如不同成熟期'灵武长枣'总黄酮含量随果实成熟而逐渐下降，其中白熟期含量最高，全红期含量最低。'冬枣'中总黄酮在黄白色阶段含量最高，总黄酮和原花青素以及花色苷与枣皮颜色呈极显著正相关。槲皮素在白熟期到半红期阶段是下降状态，在全红期时达到最低。研究发现当果实在全绿期与黄白期时黄烷醇类含量较高，而在全红期时黄酮醇类含量最高。而且果肉中的总黄酮含量远低于果皮，在成熟阶段黄酮含量呈先上升后下降的趋势。

7. 有机酸

有机酸多以二羧酸、三羧酸形式存在，苹果酸、柠檬酸和酒石酸等，都是果实中可溶性的有机酸。果实中的酸是蛋白质和氨基酸分解形成的，大多数都为呼吸产物。果实内糖酸的种类、数量和糖酸比值的不同导致枣果实的风味也产生了差异，同时也能够有效评价果实品质，直接反映了鲜枣的贮藏效果。检测出'冬枣'中富含20种有机酸，含量最高的是柠檬酸与2,4-庚二烯酸。'冬枣'在贮藏过程中，有机酸含量先下降后趋于平缓，总体呈下降趋势，所以减小有机酸含量下降速率，且保持较高的酸含量，才有利于保持枣果品质。研究发现，'冬枣'在白熟期到全红期有机酸含量呈逐渐上升的趋势，全红期之后逐渐下降。

8. 矿物质

果实中矿物质和非矿物质元素总量不多，它也是可溶性固形物的一部分，但对果实品质的影响不容忽视。磷是细胞分裂中合成DNA重要组成部分之一，缺少磷元素会导致果实细胞数目减少，植物的生长也因此受到影响；而缺钙元素容易发生苦痘病和烂果病；缺锌会导致植物光合反应下降并影响果实发育。枣果实中5种主要矿物质元素含量大小顺序为：钾＞钙＞铁＞锰＞铜，顺序与其他果树一致。

研究山西枣果矿物质营养发现，从幼果期（7月23日）—熟前速长期（8月7日）—白熟期（8月22日）—着色期（9月6日）—脆熟期（9月21日），枣树主要矿物质营养元素代谢规律基本一致。其中，钙、锰、铜元素变化大体呈下降趋势，钙变化是先陡后缓，锰呈近直线变化，而铜则大体为"W"形下降变化；钾和铁含量呈波折曲线变化，钾大体呈"W"状，而铁为单"S"形。有关资料表明，枣品种的钾元素在果实生长发育后期出现大幅上升，可能是由于这段时期，枣果实开始着色，糖分增加，风味增进，而钾元素与糖类的合成密切相关，因而钾元素含量升高，所以这个时期保证果实中钾元素含量的充足尤为重要。铁元素却呈现出与钾元素不同的规律，在生长发育后期出现下降趋势，这可能是因为枣果实中酸降解的缘故。

从着色期到脆熟期，钾、钙、锰、铁四种元素是枣果实中含量最高的矿物质元素。研究表明钾对增强果实抗逆性和改善果实品质有重要的作用，因此'木枣'较抗裂果可能就是因为其果实中钾、钙含量较高的缘故。

9. 萜类化合物

枣果中的三萜类成分丰富，三萜烷烯类含有10种三萜酸化合物，具有抗肿瘤活性，包括美洲茶酸、麦珠子酸、马斯里酸、科罗索酸、桦木酸、齐墩果酸、熊果酸、白桦脂酮酸、齐墩果酮酸和乌苏酮酸。桦木酸具有较强的抗病毒、抗癌作用；齐墩果酸主要用来治疗急慢性肝炎；熊果酸是有效治疗肿瘤的药物。研究发现，桦木酸、齐墩果酸和熊果酸在'冬枣'成熟阶段呈下降趋势，但与果实中总萜含量变化不同，白熟期到半红期无显著变化，但在半红期到全红期呈上升趋势，在全红期含量达到最高值。

（二）不同设施栽培差异

避雨栽培的'冬枣'其果实着色较好，无果锈生成，且果实中的可溶性固形物、还原糖、维生素C含量均明显提高，而果实硬度、黄酮、多酚、可滴定酸含量均有所降低；避雨栽培提高了'冬枣'的产量和部分果实品质。云南宜良'冬枣'避雨栽培试验得出，避雨栽培'冬枣'总糖含量26.7%，总酸含量0.5%，维生素C每百克含量272.8毫克，总糖和维生素C含量高于露地，总酸含量低于露地。

研究发现设施栽培的枣果品质显著高于露地栽培。如大棚设施'冬枣'的总糖和可溶性固形物含量均高于露地'冬枣'，说明设施栽培可以促进枣果的营养积累，风味更佳。通过对设施结构的研究发现，露地'冬枣'遇雨导致果实中水分增加，可溶性固形物及总糖相对浓度降低，而设施栽培避免了这一现象，提升了枣果的品质。大棚设施'冬枣'中的总酚及总黄酮含量均显著高于露地'冬枣'，半红期和全红期时，设施'冬枣'糖酸比大于露地栽培，露地'冬枣'的可滴定酸、维生素C和蛋白质含量均高于设施'冬枣'。

对不同设施条件下'冬枣'品质进行研究得出，暖棚中不同成熟期'冬枣'的总糖含量最高，设施'冬枣'的总酸含量低于露地'冬枣'，设施'冬枣'的糖酸比高于露地栽培，初红期和半红期时，露地'冬枣'的维生素C含量高于设施栽培。当'冬枣'半红期时，设施栽培'冬枣'总糖含量高于露地栽培，'冬枣'全红期时，总糖含量冷棚＞露地＞暖棚。

五、休眠期特性

（一）水分含量

冬季随着扣棚气温的逐渐降低，进入休眠的果树水分状态和水分含量等也出现了相应的变化。对枣树休眠的研究结果显示，在深度休眠期间枣树枝条的自由水含量和总含水量降低，束缚水含量逐渐增加。随着外界气温的降低，低温量的不断累积，枣树枝条的含水量在生理休眠期间呈下降的趋势，生理休眠解除之后，枝条内的总含水量与休眠阶段呈相反的变化趋势，即含水量值表现为显著上升。这说明，随着扣棚后气温的降低，树体自身对外界环境做出了相应调整，抗逆性提高，从而降低含水量，抵御外界不利环境因素，增加抗寒性。

（二）电导率

生物膜作为一些特殊酶、离子、激素受体传连的功能位点，膜脂的组成可决定膜的生物特性，影响着果树休眠有关的一些生理生化反应。休眠期间对枣树枝条的电导率变化研究发现，随着外界低温的变化，枣树进入休眠过程中，电导率急剧上升，且稳定在较高水平。枣树休眠都会经过低温的过程，低温对枣树造成损害，是一种对逆境适应的现象。细胞膜的选择透过性，环境的变化会引起膜透性相应调整，从而使细胞内物质大量渗出。当外界气温急剧降低，细胞膜透性增大，电导率增加。当树体不处于休眠状态时，电导率呈降低的趋势。由此表明电导率的变化趋势并不随自然休眠进程而相应变化，而是随着外界气温的降低，休眠期间枝条的电导率逐渐上升。

（三）营养物质

枣树休眠期间，树体内一些复杂的生理生化代谢并未停止，营养物质也发生着变化。这些生理变化可有效地预防枣树失水，使枣树的抗逆性提高，并为储备再生长提供物质基础保障。可溶性糖、淀粉、蛋白质、氨基酸为植物的重要营养物质，碳素营养主要为果树储藏营养物质。在低温环境条件中，可溶性糖含量是植物生理代谢中较敏感的生理指标之一，为果树的呼吸作用作为动力供给，淀粉在果树体内的作用是储藏营养。试验发现枣树枝条在不同的扣棚时期取样时，随着低温量不断地累积，在休眠状态中，可溶性糖含量先呈上升趋势，休眠解除时出现峰值，当需冷量满足后，随着生理休眠的解除，可溶性糖含量呈下降的趋势。在低温不断增加的过程中，激活了淀粉酶的活性，淀粉逐渐开始向糖转化，提高了细胞渗透压和细胞液浓度，使落叶果树的抗寒性增加。在休眠期间，取样的枝条淀粉含量随着休眠程度的加深而降低，生理休眠结束后淀粉含量逐渐升高。

处于休眠状态时，越冬期间枝条的可溶性蛋白质含量随着低温量的累积，枣树为适应低温，抵御寒冷，逐渐呈下降的趋势，当满足所需的低温量后，蛋白质含量呈上升的趋势。在外界低温的环境下，可溶蛋白质含量的增加可提高果树细胞内保水的能力，防止胞内结冰，避免原生质结冰而使细胞坏死，从而提高树体的抗寒力。休眠期间，可溶性蛋白质含量的降低，可能是枣树为了适应外界的低气温，需可溶性蛋白质降解以增加游离氨基酸含量来提高抗逆性。

（四）内源激素

在枣树的休眠中，内源激素是重要的影响因素，一般认为内源激素参与了枣树休眠的诱导、维持和终止以及休眠阶段状态的转变。赤霉素（GA）和脱落酸（ABA）是对落叶果树休眠有重要作用的激素，一般认为GA可抑制芽的休眠，促进芽萌发，ABA是促进休眠物质和抑制萌发物质。试验结果表明，随着扣棚后气温的降低，枣树的GA含量在休眠期间处于较低的水平，在接近生理休眠结束时出现最低值，而ABA含量呈上升的变化，接近解除休眠时出现峰值；之后随着生理休眠不断地解除，需冷量满足后，GA含量增加值明显，ABA呈现相反的趋势变化。结果表明，GA和ABA两种激素的含量变化和休眠状态以及解除休眠状态有关，可以根据激素的含量变化来确定果树休眠的过程，休眠期枝条中内源激素GA含量降低，ABA含量增加，生理休眠解除后，激素含量变化和休眠期趋势相反。枣树在越冬休眠期间受营养物质和动态平衡的激素调节，营养元素影响内源激素的平衡。

六、枣树设施栽培的生理基础

枣树对气温比较敏感，温度低于15℃时，日照少于12小时就开始落叶，在落叶果树中进入休眠最早，一般10月份前后开始。枣树解除休眠需要低于7.2℃的低温量为1000小时左右或更长。通过设施栽培创造低温环境，可以使枣树在12月至次年1月，甚至更早地解除自然休眠。

枣树的花芽分化与一般落叶果树不同，枣树的花芽是当年分化，边生长边分化，分化速度快，分化期短，单花芽分化只需6天，一个花序分化完成需要6～20天，一个枣吊花芽分化期需30天左右，单株花芽分化完成需60天左右。花芽形成后经过40天左右即进入开花结果期。枣树有花期长和多次结果现象，这是枣树设施栽培的基础。

枣树是小果型果树，适合主干形树形和高密度栽植，而且枣树童期短，有早花早果的特性，枝芽具有相互依存、相互转化和新旧更替的特性，树体营养生长和结果平衡关系比较容易调节，树体大小容易控制。枣树的结果枝组是由枣头直接发展转化形成的，生长量小，连续结果能力强。一般有效结果年龄长达1～7年，无需更新修剪，有利于矮化密植。枣树隐芽寿命长，再生能力强，一经刺激即能萌发枣头，枣头经过强化管理后，当年即可开花结果。枝干当年更新，当年结果，十分有利于控制树冠，适于设施栽培。

枣树的授粉和花粉萌发受自然环境影响极大，低温、干旱、多风、多雨对授粉不利，会造成严重落花。枣树对湿度适应性强，年降水量100 ~ 1000毫米均能生长结果，但授粉受精需要较高的空气湿度，而果实发育后期和成熟期多雨，则影响果实发育，易引起裂果、烂果。恶劣气候条件易引起严重的生理落果。设施栽培是人工创造的气候条件，可确保枣树早开花结果，易进入市场。

第二节　名优品种

枣树品种选择的正确与否直接关系着设施栽培的成败，品种选择在设施栽培中尤为重要。枣树塑料大棚和日光温室设施栽培品种首选鲜食品种，而遮雨棚不受品种局限。因此，在品种选择上要坚持以下原则：促成栽培，应选择极早熟、早熟和中熟品种，以利提早上市；延迟栽培则应选择晚熟、极晚熟品种或易多次结果的品种；选择自然休眠期短、需冷量低、易人工打破休眠的品种，以进行早期或超早期保护生产；选花芽形成快、促花容易、自花结实率高、易丰产的品种；以鲜食为主，选个大、色艳、酸甜适口、商品性强、品质优的品种；选适应性强，尤其是对环境条件适应范围较广、耐弱光且抗病性强的品种；选树体紧凑矮化、易开花、结果早的品种。枣树设施栽培的优良品种按照成熟期可分为早熟品种、中熟品种和晚熟品种。

一、早熟品种

（一）乳脆蜜

由河北农业大学选育，良种编号：冀S-SV-ZJ-026-2005。

1. 品种特性

树姿较开张，树冠自然圆头形。主干褐色，树皮裂纹宽条状，可以剥落。枣头枝褐色，针刺较多。叶片多为卵状宽披针形，绿色，中大，属完全叶类型。花量大。果实纺锤形，状如奶羊乳头，故称为'乳脆蜜'枣。果个中大，大小整齐，平均单果重14.7克。'乳脆蜜'枣白熟期果皮乳黄色，成熟期果实阳面着鲜红色，完熟时果实紫红色，极美观。果柄较短。果核长椭圆形，中大，可食率95.7%。果肉酥脆，无渣，汁液丰富，品质极上等。枣果脆熟期可溶性固形物含量25.5%；鲜枣维生素C含量为每百克252.6毫克。枣果较耐贮藏，常温下货架期7天左右，冷藏条件下可贮藏约35天。

'乳脆蜜'枣生长势强健，树冠中大。萌芽率高，成枝力强，树冠成形快。幼树枣头枝生长势旺，当年萌发的二次枝即可开花结果。自花结实率仅0.7%。栽植酸枣作砧木的苗木，株行距按2.0米×3.0米定植，'乳脆蜜'枣栽植当年每亩产量6.3千克。早实、丰产性强，适合进行密植栽培。'乳脆蜜'枣适应平均气温13.9℃、1月平均气温−0.9℃、极端最低气温−19.2℃、≥10℃年活动积温4595.5℃以上、年平均日照时数2367.9小时的环境条件，较抗寒，花期对气温的需求为普通型。抗旱、耐瘠薄。对枣锈病抗性一般，果实病虫害较少。栽培中要注意夏末秋初预防枣锈病的发生。

在山东省枣庄市，'乳脆蜜'枣4月上旬萌芽，5月下旬开花，6月上旬盛花期，果实8月上旬脆熟，8月中下旬完熟，成熟期比对照品种'枣庄脆枣'提早24天，比对照品种'伏脆蜜枣'提早5～10天成熟，果实发育期68～72天，11月中旬落叶。

2. 栽培技术要点

（1）该品种栽植株行距多采用2.0米×4.0米，平均每亩栽83株左右。高密度栽植行株距3.0米×2.0米，平均每亩栽111株。

（2）树形采用自由圆锥形，在距地面35～40厘米以上每隔25～30厘米选留1个主枝。主枝下长上短（60厘米左右），成形后下宽上窄呈圆锥形。下层主枝留4～5个结果枝组，上层主枝留3～4个结果枝组。结果枝组在主枝上互不拥挤、不交叉重叠。树冠生长达到要求后落头回缩。对各主枝之间没有利用价值的交叉枝、直立枝等，应提早从基部疏除。结果枝组结果能力下降时，可从基部重新培养枣头枝，也可重短截主枝，刺激隐芽萌发枣头，来培养新的主枝或结果枝组。

（3）开花前对发育枝、二次枝摘心，抑制枝条生长。萌芽期摘除多余的萌芽，花期对主干进行环剥，摘除新萌生的枣头，促进枣吊发育。冬剪发育枝顶芽，防止其继续发育抽枝消耗营养。花期上午10时前和下午4时后喷水，延缓树冠所着水分的蒸发时间。盛花期每个枣吊平均开花4～6朵时，喷洒每升10毫克赤霉素1～2次。花期枣园放蜂。通过采用上述措施来提高坐果率。

3. 适宜种植范围

山东省适宜枣树生长的生态区域均可栽培，其他枣树栽培区可酌情引种试验后栽培。

（二）月光

由河北农业大学选育，良种编号：冀 S-SV-ZJ-026-2005。

1. 品种特性

果实 8 月中下旬成熟，生育期 80 天左右，鲜食。果实近橄榄形，纵径 4.5 厘米，横径 2.3 厘米，单果重 10.0 克左右。果皮薄，深红色，果肉细脆、汁液多，酸甜适口，风味浓。白熟期即可鲜食，全红果含可溶性固形物 28.5%，可溶性糖 25.4%，可滴定酸 0.3%，维生素 C 含量为每百克 450.3 毫克，可食率 96.8%。果核小。

新枣头结果能力强，早果丰产，为极早熟优良鲜食品种。枝条稀疏、托叶刺不发达、便于管理，尤其适合设施栽培，在普通塑料大棚栽植后第二年株产可达 0.7 千克，果实提前 20 天上市，适应性强，耐瘠薄，抗寒性突出，抗缩果病能力强，成熟期遇雨有轻微裂果。

2. 栽培技术要点

（1）该品种栽植株行距以 2.0 米×3.0 米为宜。由于萌芽率低，枝条稀疏，因此在幼树整形阶段，注意利用短截培养骨干枝，少疏枝，尽快增加枝叶量，促进早期丰产，树形宜采用开心形或疏散分层形。该品种当年生结果能力强，且树势中庸，发枝力弱，易于管理，比较适合大棚栽培。设施栽培适宜的株行距为 1.0 米×1.5 米，适宜树形为开心形或纺锤形，无需配置授粉树。

（2）该品种具有果实发育期短、极早成熟、生长前期和中期养分消耗大的特点，因此在肥水供应上可减少追肥次数，重点在萌芽期和果实发育前期进行施肥和灌水，同时重视果实采收后基肥的施用，以增加树体贮藏营养水平，保证枝条生长和花芽分化正常进行，提高花芽质量。坐果期间，要注意对枝势的控制，减少不必要的营养消耗，通过新枣头及早摘心和利用植物生长调节剂促进坐果。幼果期间，应及时补充叶面喷肥，尤其注意补施钙肥，同时及时调节土壤湿度，避免土壤湿度剧烈变化，以减少裂果。

3. 适宜种植范围

可在河北省承德以南广大地区栽培。

（三）七月鲜

由西北农林科技大学选育，良种编号：国 S-SV-ZJ-013-2013。

1. 品种特性

果实长圆形，果个大，果面平整，果肩棱起，纵径 5.0 厘米，横径 3.6 厘米，鲜枣平均果重 29.8 克，最大 74.1 克，可溶性固形物含量 26.8%，果个均匀，果皮薄，深红色，味甜，肉质细，核小，可食率97.2%，鲜食品质佳。果实8月中下旬成熟，生育期85天左右。在新疆南疆可制干，制干率在49.5%，干枣平均果重18.5克，肉质细腻，味甜，含总糖69.0%，总酸0.9%。

该品种极早熟，陕西关中5月下旬进入盛花期，8月中旬成熟，比山西'梨枣'早上市30天左右，较'宁阳六月鲜'早上市两周左右，在国家枣资源圃所收集的450个品种中，成熟期为第二名。开花早，易结果，好管理，丰产稳产性强。抗逆性强，据在新疆阿克苏地区对2～3年生幼树连续3年观察，当冬季最低温度达-22℃时，'七月鲜'无冻害发生；当冬季最低温度-24℃时，树体受冻率7.3%，死亡率为0.12%；'七月鲜'耐盐性最强。树势中庸，树姿开张，树干灰褐色。早果性强，丰产稳产，不易裂果，适宜矮化密植和设施栽培。

2. 栽培技术要点

（1）园地应选在避风向阳，日照充足，土层深厚、肥沃，有灌溉条件，交通便利的地快，以沙壤土为好，土壤pH在8.2以下为宜。

（2）该品种树体矮小，节间短，便于矮化密植栽培，定植株行距以2.0米×3.0米为好，也可以在前期定植为2.0米×1.5米，第四年以后将1.5米株距隔一取一。改造成为永久株行距。

（3）树形以开心形为好，株高控制在2.0米以内，干高0.4～0.5米。也可采用矮冠疏层形。以多年生枝条结果为主，因此在修剪上与'梨枣''大白玲''大瓜枣'有较大区别，即不宜连年重剪，尽量保留多年生二次枝。这样，可充分发挥其早熟性。

（4）与其他枣品种比较，由于成熟早，有机肥可早施。成龄树施有机肥每株树50千克左右，以腐熟鸡粪和羊粪为好，在果实采收后的9月中旬～10月上旬为宜。盛果期树全园施肥，施后翻耕。早施基肥有利于根系伤口的及早愈合，树体积累较多营养，为来年丰产奠定良好基础。追肥一般在萌芽前、花前和花后进行，盛果期树每株每次施1.0～1.5千克碳酸氢铵；果实膨大期株施0.5～0.8千克三元复合肥，施后及时浇水。

（5）'七月鲜'枣幼树坐果性能较'梨枣''大瓜枣'及'大白玲'差，因此，应采用综合技术措施提高坐果率：花期喷水或激素在盛花期于下午4～5时，用喷雾器向树上喷清水。每隔7天喷1次，连喷3～5次。或盛花期喷10～15毫克/升赤霉素2次，间隔7天。树干环剥初花期（每个枣吊平均有5朵花）在树干上进行环剥，宽度为干径的1/10，抑制营养生长。适时摘心，一次枝上抽出2～3个二次枝时及时摘心。

（6）主要防治炭疽病、枣叶锈螨和枣瘿蚊。萌芽前喷施3～5°Bé石硫合剂；萌芽后用0.3～0.5°Bé石硫合剂或2500倍阿维菌素喷施防治枣叶锈螨、用2000倍的绿色高效氯氰菊酯或吡虫啉2000倍防治枣瘿蚊；该品种易感染炭疽病，因此应注意该病的有效防治。陕西关中地区6月中下旬开始用1∶2∶200波尔多液或80%的代森锰锌600倍液预防，间隔10～15天；初发病时用叶面喷80%福·福锌500～600倍液或70%甲基硫菌灵1000倍液或2500倍液。

3. 适宜种植范围

可在陕西、新疆等枣适宜区栽培。

（四）大白铃

别名梨枣、鸭蛋枣、鸭枣青、馒头枣。由山东省果树研究所选育，1999年通过山东省植物品种审定委员会审定。

1. 品种特性

果实9月中旬成熟，生育期95天左右。果实特大，近球形或短椭圆形，平均果重25.9克，最大80.0克。果皮薄，棕红色，果肉绿白色，质地松脆略粗，汁中多，味甜，口感好。鲜枣含可溶性固形物33%，可食率98.0%。果核较大，短梭形，核尖短，核纹中深，核内无种子。在泰安地区，4月中旬萌芽，4月下旬展叶，6月上旬为盛花期，多年生枝的果实9月上中旬成熟采收，当年生枝的果实10月上旬成熟采收，果实生育期95天左右，10月底～11月初落叶。

树体矮化，成枝力中等，早果速丰，极丰产、稳产；果实中熟，特大，为优良的早熟鲜食品种。嫁接当年即能结果。春季定植结果株率达90%以上，第2年株产1.0～2.0千克，定植第3年株产3.0～5.0千克，最高单株产量10.5千克。耐瘠薄、抗旱、抗寒、抗风，较抗炭疽病和轮纹病，成熟期遇雨裂果极轻。

2. 栽培技术要点

（1）一般枣园株行距以3.0米×5.0米为宜。密植栽培园株行距为2.0米×（3.0～4.0）米。一般枣园的适宜树形为主干疏层形，密植栽培时，应采用小冠疏层形或单干纺锤形。小冠疏层形树高3.0米，干高50.0～60.0厘米，分两层主枝，层间距1.0米。单干纺锤形只留主干，在主干上直接培养结果枝结果，结果枝组枝龄控制在6年生以下。

（2）盛果期树需加强肥水管理，多施有机肥，全年按每产50.0千克鲜果施氮1.6千克，磷0.9千克，钾1.3千克，充分发挥其早期丰产优势，保证果实生长发育需要。

（3）发芽前和花期要防止干旱，适时浇水，土壤水分保持在15%以上。

3. 适宜种植范围

可在山东、河北、山西、江苏、云南等省引种栽培。

（五）早熟梨枣

由河北省沧州市林业科学研究所、中科院南皮生态农业试验站选育，良种编号：冀S-SV-ZJ-022-2005。

1. 品种特性

果实大，多为梨形，大果为椭圆形或倒卵形，纵径3.5厘米，横径3.2厘米。平均果重17.8克，最大27.0克。鲜食。果皮薄，赭红色，果肉厚，绿白色或乳白色，质细松脆，汁较多，味甜，略具酸味，含可溶性固形物21.0%，维生素C含量为每百克420.0毫克，可食率95.8%。果实8月下旬成熟。

树势中庸，树姿开张，枣头深褐色。丰产稳产。无大小年结果现象，不裂果，品质上等。在塑料大棚栽培当年即有少量结果，第二年平均株产1.7千克，第三年株产3.9千克，第四年株产5.0千克，枣吊平均坐果1.1个。在一般管理条件下丰产稳产，无大小年结果现象，8月下旬成熟。适应性较强。

2. 栽培技术要点

（1）一般采用嫁接繁殖。整形修剪适宜树形有主干疏层形和开心形，矮化密植栽培可采用纺锤形、开心形等，保护地栽培可采用篱壁形。发枝力强，枝叶较密，修剪时应注意及时疏枝，保持树体的通风透光。

（2）花期要及时采取开甲（环剥），喷布植物生长调节剂等促进坐果的措施，增加坐果率。坐果率太高时，果个变小，应注意调整坐果率。

（3）主要病虫害有桃小食心虫、红蜘蛛、缩果病等，应注意防治。

3. 适宜种植范围

可在河北省中南部等地区栽培。

（六）早脆王

由河北省沧州市农林科学院选育，良种编号：国S-SV-ZJ-009-2010。

1. 品种特性

该品种果实较大，平均单果重30.9克，最大93.0克，平均纵、横径分别为5.6厘米、4.9厘米。果实卵圆形，果个均匀，整齐度高。果色鲜红，果面平整光洁，果点小，锈色不明显，果皮薄。果肉白绿色，肉质细嫩、酥脆、多汁，总糖含量达36%～39%，甜酸适口，可食率96.7%，品质极上。

该品种树体中大，树冠自然圆头形。幼树和初结果树有针刺，以后逐渐脱落。萌芽力中等。进入结果期早，幼树定植后当年可见果，栽后第2年平均株产2.5千克，第4年平均株产10千克；大树高接当年结果，第3年实现丰产，平均每亩产量1500～2000千克。在河北沧州，4月中旬萌芽，5月下旬为始花期，6月上旬进入盛花期，7月上旬为果实速长期，8月上旬开始进入白熟期，9月上中旬果实脆熟着色，可采摘上市。果实发育期90～95天。在山西运城、江西新余、浙江缙云以及新疆等地，成熟期较原产地早15～25天。

2. 栽培技术要点

（1）选择土层深厚、光照充足的圃地建园，春秋两季栽种。授粉品种占主栽品种株数的15%为宜，授粉品种与主栽品种花期相近。

（2）施足基肥的条件下，于发芽前、初花期、幼果期追肥三次，栽培过程中做好冬剪、夏剪、开甲、除草、防治病虫等工作。

（3）花前两周，枣树长到8片叶时喷一次0.1%的多效唑；盛花期喷赤霉素，或硼砂、硫酸钾等，以上两次生长调节剂的喷用均能明显提高坐果率。从花期到幼果期每隔半月连续喷2～3次0.1%尿素和0.3%磷酸二氢钾混合液，花期喷0.1%～0.3%硼砂。花期每隔12天连续喷3次适量的水，喷水以上午10时前和傍晚为宜，大树每株喷10千克。

（4）在盛花初期（花量30%～40%时），对壮树进行环剥（开甲），第一年环剥口距地面20～30厘米，环剥宽度为0.3～0.5厘米，强树宜宽，弱树宜窄。开甲时先刮除粗皮，然后用开甲刀切断韧皮部，深达木质部但不伤及木质部，剥后涂药保护，每周涂1次共涂2～3次，用塑料布保护好伤口，促进伤口愈合。第二年可在其上方约3厘米处继续环剥，至第一主枝为止。

3. 适宜种植范围

可在河北、山西、江西、浙江等省枣栽培区栽植。

（七）早红蜜

由山西省农业科学院果树研究所从太谷蜜枣变异株系中选育出的极早熟鲜食枣新品种，良种编号：晋S-SV-ZJ-009-2016。

1. 品种特性

果实卵圆形，平均单果重10.3克，大小较整齐。果皮薄，红色，阳面有果晕。果肉厚、细脆，味甜略酸，汁液多，鲜食品质极佳。鲜枣可食率97.1%，可溶性固形物含量30.2%，总糖28.1%，酸0.6%，维生素C含量为每百克277.3毫克。

树体矮化，树势中庸，成枝力弱，早期丰产性强。在山西太谷地区4月20

日左右萌芽，5月23日初花，5月28日进入盛花期，7月中旬进入果实膨大期，7月下旬硬核期，8月上旬果实进入白熟期，8月25日脆熟（持续10天左右）、采收。果实生育期85天左右，属极早熟品种。落叶期为10月中下旬。

2. 栽培技术要点

（1）适宜于矮化密植和设施促成栽培。露地栽培建议搭建遮雨棚（防裂果），成熟期及时采收。适宜采用的树形为小冠疏层形、开心形或纺锤形。

（2）花期及时抹除多余的新萌生的枝芽，同时对枣吊进行轻摘心。一般不用或少用环割、环剥或喷施赤霉素等提高坐果率的措施。

（3）初果期树每亩产量应控制在300 ～ 350千克，5年后盛果期不应超过1300千克。土肥水管理和病虫害防治按常规方法即可。

3. 适宜种植范围

可在山西、陕西、新疆、河南等省（自治区）种植。

（八）迎秋红

由山西省农业科学院果树研究所选育，良种编号：晋S-SC-ZJ-006-2019。

1. 品种特性

果个较大，品质优异，平均单果重15.1克，大小均匀整齐，外观较好；肉质酥脆，汁液丰富，酸甜适口，肉厚核小，鲜食品质佳。生长势和成枝力强，当年生枣头枝和二次枝生长量分别为93.4厘米和33.9厘米，平均成枝率80%以上。枣吊较长，平均长27.4厘米，木质化枣吊发达。

早期丰产，露地嫁接4 ～ 5年进入盛果期，盛果期每亩可产1100 ～ 1350千克。成熟期早，太谷地区露地条件下9月上旬成熟，成熟期较整齐，采前落果轻。抗裂果性较强，一般年份裂果率在5%以下。

2. 栽培技术要点

（1）通过定植嫁接苗、坐地酸枣苗嫁接和高接换优途径建园。中密度栽培，株行距（2.0 ～ 3.0）米×3.0米，每亩75 ～ 110株。适宜土壤条件为土层肥厚、有机质含量高的沙壤土。

（2）萌芽期、枣头枝旺盛生长期和果实膨大期对肥水需求较大，分别浇水1次，果实膨大期追施，并灌封冻水。

（3）中度密植以开心形树形为主，树高控制在1.8 ～ 2.0米，干高0.3 ～ 0.5米，错落分布5 ～ 6个主枝。高度密植以主干形树形为主，树高控制在1.8米左右，均匀分布15 ～ 18个二次枝。

（4）注意疏花、疏果，控制产量，维持丰产稳产。加强病虫害防治。

3. 适宜种植范围

可在山西省忻州以南枣树适宜栽培区种植。

（九）伏脆蜜

由山东省枣庄市果树科学研究所从枣庄脆枣中选育而来，良种编号：鲁S-SV-ZJ-014-2006。

1. 品种特性

果实短圆柱形，纵径3.5厘米，横径3.0厘米，平均果重16.2克，最大27.0克。白熟期果皮绿白色，成熟时果皮粉白色，阳面鲜红色，着色面60%以上，完熟时果皮紫红色，果面光滑洁净，极美观。果肉酥脆无渣，汁液丰富。脆熟期鲜果含可溶性固形物29.9%，维生素C含量为每百克239.0毫克，可食率96.9%，品质极上。核中大，长椭圆形，单核重0.5克，内有1～2粒种子。果实一般在8月上旬采收上市，生育期77～85天。

树体中大，树姿直立，结果以后略开张，树体结构紧凑，萌芽力及成枝力均强。早实丰产，嫁接第2年结果，5年生树平均亩产1568千克，不裂果。果实较耐贮藏，常温下货架期7天左右，-2～0℃低温条件下能保存30天以上。适应性强，较抗寒，抗旱、耐瘠薄。

2. 栽培技术要点

（1）当年10月中旬以后即可栽植，有利于新根发生和当年恢复树势。栽植时，要选择生长健壮、地径在1.0厘米以上的苗木，二次枝的数量不能少于15个，栽植株行距以（0.5～0.8）米×1.5米为宜，南北行向。

（2）秋季定植后，立即增施肥、水以养根壮树，一般每亩施腐熟鸡粪2000千克和优质磷酸钾复合肥40千克。施肥时不要穴施，一定要撒施。施后进行中耕，将肥料全部翻入地下深20厘米的土层内。果实坐牢以后在硬核期和果实膨大期追肥2次，株施硫酸钾复合肥和植物营养素各30克。同时，还可根据生长状况进行叶面喷肥。一般从萌芽展叶后开始，到果实成熟前为止，每隔7～10天进行1次，以促进果实早熟并提高成熟的整齐度。浇水，一般于扣棚前20天浇透水，并覆盖黑色地膜，直至谢花后除去地膜前不需浇水；硬核期和果实膨大前期，结合2次追肥，分别浇小水1次。

（3）大棚栽后定干，高度一般在0.6～1.0米，棚前部宜小些，中后部宜高些。树形采用自由圆锥形，负载量大，有利于早结果、早丰产。在距地面35～40厘米，每隔25～30厘米选留1个主枝。主枝下长上短，成形后下宽上窄，呈圆锥形。树冠生长达到要求后落头，整形期间，应采用缓势修剪，即长放，待结果后落头回缩。对各主枝之间没有利用价值的交叉枝、直立枝等，应提早从基部疏除。结果枝组结果能力下降时，可从基部选留适当的枣头重新培养，也可重短截主枝，刺激隐芽萌发枣头，来培养新的主枝或结果枝组。修剪以生长季节修剪为主，冬剪为辅。夏剪主要疏除直立、过密枝，改善光照条件；落叶后到扣棚前，进一步调整树体结构，疏除过密枝、病虫枝、重叠枝及背上直立旺长枝；扣棚萌芽后，及时抹除背上旺梢；新梢长到15～20厘米时，及时摘心，控制树冠，使树形紧凑。

（4）在花期前，对发育枝、二次枝进行摘心，能抑制枝条生长。枣树萌芽期抹除多余的芽。冬剪发育枝顶芽，能防止其继续发育抽枝消耗营养。花期喷水，提高空气湿度，喷水应在上午10时前下午4时后进行，尽量延缓树冠所蓄水分的蒸发时间。喷洒时间以盛花期每一枣节平均开花4～6朵为宜。赤霉素的喷洒浓度为每升10～15毫克。花期在棚内放蜂，可以增加花粉的传播媒介，提高坐果率。

（5）在采前30～40天连喷2次70毫克/升的萘乙酸，能有效地减轻落果。果实白熟期以后，在棚内地面上全部铺上反光膜，以利提高地温；适当降低棚内湿度，在同等条件下可促进果实发育，提前5～7天成熟。果实膨大期喷施0.3%的葡萄糖液，能显著提高果实糖度，提高品质。果实成熟前10天，疏除树冠上部遮光严重的旺长新梢，以利于着色。

（6）日光温室条件下病虫害较少，要以防为主。主要应抓3个喷药关键时期：扣棚后7天，喷5°Bé石硫合剂，防治越冬病虫害；花前喷吡虫啉，消灭蚜虫；生长季节喷1～2次杀虫剂兑杀菌剂。

（7）日光温室内'伏脆蜜'枣的果实发育期为75～85天。一般中部果着色好、成熟较早，其他部位果实着色略差，成熟较晚。因此，应根据不同的需求适时地分期分批采收。

3. 适宜种植范围

可在枣树适生区密植栽培和保护地促成栽培。

（十）新郑红9号

由新郑市红枣科学研究院选育，良种编号：豫S-SV-ZJ-014-2018。

1. 品种特性

果实卵圆形，纵径2.8厘米，横径2.4厘米，平均单果重5.8克，最大果重14.6克，可食率97.8%。可溶性固形物含量25.8%，可溶性总糖含量21.4%，酸含量0.4%，维生素C含量为每百克212.0毫克。果顶广圆，梗洼小、中等深，果皮红色，果点小，不明显，果肉细，浅绿色，肉质酥脆，汁多，味极甜，口感综合评价极好。核纺锤形，平均核重0.13克，核纹较浅。

树势较强，早实性强，嫁接当年可以结果，4～5年进入盛果期，丰产性较'小白枣'高，平均吊果比1：2.1，'小白枣'平均吊果比1：0.9，'新郑红9号'5年生树亩产鲜枣1000千克左右。'新郑红9号'适应性广，耐干旱、抗盐碱，对土壤条件要求不严；成熟期早，一般年份能够避开雨季，裂果率在5%以下，对缩果病、炭疽病抗性强。

2. 栽培技术要点

（1）枣园要选择土地平整、土壤肥沃、排灌良好的耕地，风大的地方要建防风林，林带要与风向垂直或基本垂直。

（2）根据土肥条件和管理水平，矮化密植可选用2.0米×3.0米、1.5米×4.0米或3.0米×4.0米的株行距，以酸枣或扁核酸为砧木嫁接繁殖。

（3）该品种树势较强，树姿开张，萌芽力中等，成枝力较强，生产上一般采用小冠疏层形或开心形，树高控制在2.5～3.0米，冠幅3.0～3.5米。栽植后1～3年修剪的重点是培养树形，促其生长，加快树冠形成。4～5年的修剪的重点是调节营养生长和生殖生长的关系，维持生长与结果的平衡。5年后修剪的重点是在加强树体营养水平的基础上，调节营养分配，夏季及时抹芽、摘心，减少养分消耗；冬剪轻剪长放，以缓和树势，保证稳产。

（4）该品种丰产性好，自然坐果率较高。花期做好抹芽、摘心、开甲工作，对枣头留6～8个二次枝摘心，在花中后期地上有明显落花时开甲，宽度不宜过大，一般0.5～0.8厘米，甲口及时抹药，开甲后间隔7～10天连续喷施15～20毫克/升赤霉酸1～2次。

（5）成熟期早，持续时间长，建议分批分期采收，在果面20%变红时即可采收，一般在8月上中旬。

3. 适宜种植范围

可在河南新郑市及生态条件类似地区栽植。

（十一）夏甜

由河北农业大学中国枣研究中心选育，亲本为'冬枣'ד 临猗梨枣'，2018年通过河北省林木品种审定委员会审定并命名。

1. 品种特性

果实近圆形，果形指数1.1，平均单果重15.7克，大小整齐，果面光滑，果柄较长，梗洼宽阔、浅，果顶平，果皮薄、红色。果肉白绿色，致密细腻，汁液多，果实含可溶性固形物24.7%，维生素C含量为每百克332.0毫克，可滴定酸0.5%，口感酥脆，风味甜，无残渣，鲜食品质佳。可食率97.8%。高接树当年枣头一次枝生长量1.1米以上，当年开花结果。脆熟期为8月上中旬。

生长势中庸，树姿半开张，树体紧凑，枝条节间短。对土壤要求不严，沙土、沙壤土、壤土均可。抗缩果病能力强。盛果期产量每亩1253千克，丰产稳产。

2. 栽培技术要点

（1）该品种适宜密植，株行距（1.5 ~ 2.0）米×（3.0 ~ 4.0）米。树形宜采用小冠疏层形或开心形，保证树冠通风透光良好，立体结果。

（2）盛花初期可采用放蜂、喷硼、喷赤霉素等措施提高坐果率。花期开甲要控制甲口宽度，不宜过宽。施肥以有机肥或生物肥为主；有机肥以秋施最好，盛果期施肥每亩2 ~ 4立方米；果实膨大期可追施磷钾肥。施肥后及时灌水。

（3）主要防治绿盲蝽、红蜘蛛、枣锈病等常见病虫害。

3. 适宜种植范围

可在河北省大名县、定州市和阜平县以及生态条件类似地区设施栽培。

二、中熟品种

（一）马牙枣

由山西省林业科学研究院和运城市林业局选育，良种编号：晋S-ETS-ZJ-011-2016。

1. 品种特性

果实长锥形，平均单果重11.0克，最大单果重18.5克，果皮鲜红色，完熟期暗红色，果面光滑。果核细长呈纺锤形，果皮薄、脆，果肉脆熟期白绿色，完熟期黄绿色，果肉致密、酥脆，汁液多，风味甜或略有酸味，完熟期果实极甜。可溶性固形物含量脆熟期为26.1%、完熟期为31.5%，可食率96.3%。主要用于鲜食。在山西太谷地区，4月中旬萌芽，5月下旬开花，9月中旬果实成熟，果实生育期100天左右，为中熟品种。成熟期遇雨易裂果。

树势中庸，树姿半开张，树冠圆头形，骨干枝开张角度大。开花量大，花期长，坐果率高，生理落果和采前落果较轻微。结果早，嫁接后第2年可挂果，产量高且稳定，有大小年现象。

2. 栽培技术要点

（1）选择背风向阳，土壤深厚，排、灌条件良好的丘陵地或平地栽植，海拔低于1100米，避免在低洼地或风口栽植。行株距2.0米×2.0米或3.0米×2.0米，每亩165株或111株。

（2）6月上旬在主干或者主枝基部进行环割或环剥，7月上旬进行疏果，树形采用小冠疏层形或开心形，树高2.0～2.5米，干高0.5米左右。

（3）每年施腐熟有机肥2000～25000千克/亩，追化肥3次。及时防治枣瘿蚊、桃小食心虫、枣锈病或炭疽病等病虫害。

3. 适宜种植范围

可在山西省太原以南的枣树适生区栽培。

（二）玉铃铛

由阜阳市颍泉区枣树行种植专业合作社和阜阳市农业科学院选育，良种编号：国S-SV-ZJ-027-2015。

1. 品种特性

果实圆形，果形指数0.96，平均单果重19.9克，最大单果重34.6克，盛果期亩产1200千克。鲜枣可溶性固形物含量30%，可食率98.2%，可滴定酸含量0.26%，维生素C含量为每百克328.0毫克，鲜食。在安徽阜阳地区9月中旬完熟，果实生育期90天，中熟品种。树姿半开张。

2. 栽培技术要点

（1）选择土层肥厚、有机质含量高的沙壤土栽植，株行距（2.0～3.0）米×（4.0～4.5）米。矮化密植型的枣园的树形可选用小冠疏层形、开心形等，树高控制在2.0～2.5米。

（2）施肥以有机肥为主，化肥为辅，盛果期亩产量控制在1500千克内。在萌芽前追肥，以氮肥为主；在幼果膨大期，以磷、钾肥为主，氮磷钾混合使用；在果实生长后期追肥，以钾肥为主，距果实采收期30天前完成。叶面追肥全年4～5次，一般生长前期2次，以氮肥为主；后期2～3次，以磷钾肥为主；最后一次叶面喷肥应在距采收期40天前完成。

（3）栽植3年后可环剥，通常1年1～2次，第1次在盛花期进行；第2次可在第1次伤口愈合后进行。在花期喷0.2%～0.3%的硼酸或硼砂，可加入0.2%～0.3%的硫酸锌。在盛花期喷施10～15毫克/升赤霉素1次，2～3天后再喷1次。

（4）主要防治枣锈病、枣疯病、炭疽病、黑斑病、缩果病和枣尺蠖、桃小食心虫、枣黏虫、食芽象甲等。

3. 适宜种植范围

可在山西、安徽等枣适宜栽培区种植。

（三）临猗梨枣

别名交城梨枣。2003年由山西省交城县林科所申报，通过山西省林木品种审定委员会认定（5年），品种编号为晋R-SV-ZJ-008-2001，认定名称为"交城梨枣"；2005年由河北农业大学申报，通过河北省林木品种审定委员会审定，良种编号：冀S-EST-ZJ-019-2005。

1. 品种特性

果实9月下旬至10月上旬成熟，发育期105～115天。果实特大，长圆形，果实纵径4.2厘米，横径4.0厘米，平均果重30.0克，最大40.0克。果皮薄，赭红色，果肉白色，肉质松脆，汁多味甜。鲜枣含单糖17.0%，双糖5.3%，可溶性糖22.3%，折光糖27.9%，糖酸比60∶1，维生素C含量为每百克292.0毫克，可食率96.0%。果核小，核内无种仁。新枣头结实力强，嫁接苗当年即可少量结果，第二年普遍结果，第三年株产可达3.5千克鲜枣。树冠圆头形，树势中庸、树体较小，一般高2.0～3.0米，干性弱、枝条密、树姿开张。枣头结果能力强，嫁接苗当年结果，3年丰产。在山西9月中旬着色，9月下旬至10月上旬全红，果实生长发育期105～110天。

该品种为广温型，生态适应性广，树体小，结果早，前期产量高，特丰产稳产，果实特大，皮薄，肉厚，汁多味甜，松脆可口，品质优良，适宜鲜食。抗枣疯病力弱，易裂果，成熟期落果较严重，需适时分期人工采摘。作为鲜食品种集约化密植栽培。

2. 栽培技术要点

（1）该品种株行距以2.0米×3.0米为宜，宜采用开心形和疏散分层形；设施栽培的株行距为（1.0～1.5）米×（1.5～2.0）米，适宜树形为开心形或圆柱形。

（2）矮化密植栽培，树形以自由纺锤形为宜，在健壮新枣头上坐果率高，生产上可采用重修剪技术，促使健壮的新枣头形成，利用新枣头和木质化枣吊结果。

（3）具有坐果多和壮枝结果的特点，因此要加强肥水供应，特别是有机肥的供应，以增加树体贮藏营养水平；施好基肥，萌芽前、开花前、幼果期和果实膨大期追肥。萌芽前、开花前、幼果期、果实膨大期及冬前，如土壤缺水应及时浇水，一般结合施肥浇水，及时松土保墒。幼果期间，应及时叶面喷肥，尤其注意补施钾肥，以提高果实品质。

（4）枣花开放40%～50%时开甲。甲口宽度一般为0.3～0.7厘米，旺树适当宽点，弱树、小树适当窄点甚至不开甲。如果甲口愈合过早尚未达到坐果要求，可在甲口愈合口处用利刀再环割1圈，延缓愈合时间，以提高坐果率。

（5）一般来说，枣头生长期均可摘心，但以2～3龄枝盛花期至坐果前效果最佳，重点摘除直立生长、无生长空间的临时枝枣头及二次枝，对培养骨干枝的延长头仅有枣吊长出时必须进行枣吊摘心，以刺激主芽萌发枣头。

（6）主要病害有枣锈病、枣褐斑病、炭疽病、铁皮病等，虫害有食芽象甲、枣瘿蚊、绿盲蝽、枣叶壁虱、枣黏虫、桃小食心虫等。春季刮树皮，彻底清洁枣园。萌芽前喷3～5°Bé石硫合剂，减少越冬病虫基数。生长期重点防治枣叶螨、绿盲蝽、桃小食心虫、枣锈病、铁皮病。

3. 适宜种植范围

可在山西、河北等枣树栽培区栽植。

（四）辰光

由河北农业大学选育，良种编号：冀S-SV-ZJ-013-2009。

1. 品种特性

果实近圆形，果形端正，平均果实纵径为4.3厘米，横径4.2厘米，单果重39.6克，最大单果重51.3克，可食率为98.5%。脆熟期鲜枣可溶性总糖含量达18.3%，可滴定酸为0.2%，维生素C含量为每百克253.0毫克，果肉质地酥脆，果肉硬度为每平方厘米9.6千克，汁液多，酸甜适口，风味浓。9月中下旬果实着色成熟。

干性中等，树形为圆头形，树势较强，树姿半开张。早果、丰产性强，在管理水平较好的平原枣园，当年生新枣头可以坐果，3年生树平均株产5.6千克。果实成熟期遇雨基本没有裂果发生，易染缩果病和黑斑病。

2. 栽培技术要点

（1）采用酸枣为砧木嫁接繁殖建园或进行大树高接换头，适宜的株行距（2.0～3.0）米×（3.0～4.0）米。

（2）该品种发枝力强，枝条粗壮，因此整形容易；树形以圆头形、开心形为宜；修剪上以夏剪为主，冬剪为辅，夏剪主要采用抹芽、早摘心、拉枝、花期环剥等方法促进坐果，冬剪主要采用回缩、疏枝等方法，培养树形。

（3）在加强肥水管理、合理负载、增强树势基础上，尽早防治缩果和黑斑病的发生。

3. 适宜种植范围

可在河北省献县、赞皇县、阜平县及生态条件类似地区栽植。

（五）宁阳六月鲜

别名六月鲜。由山东省果树研究所选育，良种编号：鲁种审字第338号。

1. 品种特性

果实8月上旬开始成熟。果实长筒形，平均果重13.6克。果皮中等厚，浅紫红色，果肉绿白色，质细松脆，浓甜微酸可口。脆熟期含可溶性固形物32%～34%，可食率96.7%。果核中等大，长纺锤形或椭圆形，平均核重0.5克，核内都具1粒饱满种子。在山西太谷地区，9月中旬着色成熟，生育期110天，为中熟品种。

树体较小，枝条较密，树姿开张，发枝力中等；较丰产，花期要求较高温度，若日均温低于24℃则坐果不良；果实中大，果肉松脆，质细，汁液较多，味浓适口，成熟期遇雨不裂果，鲜食品质优良；适应性较差，要求深厚肥沃的土壤条件。

2. 栽培技术要点

（1）密植株行距为0.8米×1.6米，栽植时在垄上挖长、宽、深为30厘米的穴，浇足水将苗木植入。定植后整个垄面覆盖宽0.9～1.0米的黑色地膜，以利保湿、增温、防止杂草滋生。

（2）展叶后，间隔20天左右按每次每株20克速效肥的标准浇肥1次，连续3次，前期以尿素为主，中后期以硫酸钾为主。同时要进行叶面补肥，展叶后间隔7～10天喷1次500倍植物营养素和300倍尿素混合液。喷施前，植物营养素和尿素要一起放在非金属容器里浸泡2小时以上，以利于充分发挥肥效。7月中旬按株施1～2千克有机肥、0.25千克硫酸钾复合肥和15～20克植物营养素的标准全园撒施，然后浅锄将肥料全部翻入土中。9月底以后，除土壤干旱时适量浇水外，一般不需浇水。

（3）树形宜采用自由圆锥形，其负载量大，有利于早结果，早丰产。在距地面35～40厘米以上处，每隔25～30厘米选留1个主枝。主枝下长上短，成形后下宽上窄呈圆锥形。各主枝上结果枝组的留量一般下层三四个，上层二三个。

（4）萌芽前喷1遍3～5°Bé石硫合剂，3～4月份每隔10～15天喷1遍50%辛硫磷乳油1000～1500倍液加25%灭幼脲3号悬浮剂2000倍液或10%吡虫啉可湿性粉剂2000～3000倍液，防治枣瘿蚊、枣尺蠖、枣芽象甲等害虫。5月份以后，喷2～4次40%多菌灵800倍液，防止枣锈病等。

3. 适宜种植范围

可在西北地区及气候条件相似的地区及设施内栽培。

（六）京枣311

由北京市农林科学院林果研究所选育，良种编号：京S-SV-ZJ-049-2015。

1. 品种特性

果实中等大，圆柱形或近圆形，平均纵径3.2厘米，横径2.9厘米。平均单果重12.3克；果形、大小均较整齐，果柄短，较细；果肩圆，果顶圆，顶点凹下，梗洼窄，残柱不明显。果面平滑光亮，果皮薄，紫红色，果面上有暗红色的果点，果点较大，分布稀疏；果肉绿白色，肉细，质地酥脆，汁液多；鲜枣可溶性固形物含量平均26.4%，总糖含量22.0%；可滴定酸含量0.4%；维生素C含量为每百克318.0毫克；鲜食，品质上等；果核小，纺锤形或近圆形，含仁率100%，成熟种仁饱满率100%，果实酸甜，可食率93%。枣头较粗壮，针刺弱；枣吊较粗；叶片中等大，卵状披针形，主脉两侧极不对称，叶片薄，深绿色，有光泽，叶尖渐尖，叶基楔形，两侧极不对称，叶缘锯齿较细；花量大。在北京4月上中旬树液开始流动，4月20日左右萌芽，5月20日左右始花，5月底至6月初盛花，白熟期8月下旬，脆熟期为9月初。9月上中旬采收，果实生长时间100～110天，10月中旬开始落叶。

果实外形光洁美观，肉质细脆多汁，酸甜可口，宜鲜食，为中早熟优良鲜食品种。树体中等大，干性较弱，树姿开张，发枝力强。结实早，丰产性强，高接枝当年结果，2年后即进入盛果期，枣吊坐果率在85.0%以上，一般枣吊挂果2～5个，最多的枣吊挂果10个且均能发育成熟。盛果期树，一般株产20.0～30.0千克。适应能力强。耐贫瘠，抗旱、抗寒能力强。在内蒙古鄂尔多斯和新疆库尔勒地区人工栽培，自然条件下冬季无冻害；裂果率低，在少量降雨情况下，自然裂果率低于5%；缩果病和枣锈病发病率较低。

2. 栽培技术要点

（1）栽植以嫁接育苗为主。土壤解冻后、苗木萌芽前均可栽植。株行距以2.0米×3.0米为宜，密植为1.0米×2.0米。树高控制在2.5米以内，冠径控制在2.0～2.5米。

（2）冬季修剪在落叶后至次年萌芽前，以萌芽前5～10天最为适宜。剪除病枝和弱枝。夏季修剪以摘心为主，结果枝上萌发的枣头长至5.0厘米左右时摘心或从基部剪去。做好拉枝，角度以大于60度为宜。

（3）采果后、落叶前或春季土壤化冻后、萌芽前施基肥，施肥量根据肥料有效成分、土壤营养状况、树势强弱及坐果量等因素综合考虑。灌水主要在发芽期、花前期、幼果期及落叶前进行。在盛花期后适当控制枣吊末梢花开放，或修剪枣吊梢部。合理疏果，提高枣果品质。

（4）萌芽前3～5天喷施5°Bé石硫合剂，萌芽初期重点防治枣瘿蚊为害，及时喷施溴氰菊酯或其他低残留、低毒杀虫药剂。7月中旬至8月中旬喷施波尔多液，每10天1次，防治枣锈病。

3. 适宜种植范围

可在北京及周边地区，或华北及西北大部分地区推广栽培。

（七）雨娇

由河北农业大学选育，良种编号：冀S-SV-ZJ-013-2015。

1. 品种特性

鲜枣果实较大，近圆形，平均纵径4.0厘米，横径3.5厘米，单果重19.7克，最大达45.3克，大小不整齐。可食率为96.2%。鲜枣可溶性糖含量达26.3%，可滴定酸含量为0.15%，维生素C含量为每百克306.0毫克。果皮深红色、中等厚度，果面光滑，果肉浅绿色，质地酥脆，汁液多、甜，适宜鲜食。果核纺锤形，平均单核重1.0克。种核含仁率50%，种仁饱满。果实9月下旬成熟，发育期110天左右，属中晚熟品种。

该品种的突出特点为果实大、早果、丰产、稳产；果实中晚熟；高抗裂果和缩果；果实鲜食品质佳。干性中等，树势中庸。在管理水平中等的平原枣园，当年生新枣头摘心即可以坐果，大树高接6年平均株产达8.8千克。高抗裂果和缩果。

2. 栽培技术要点

（1）采用酸枣为砧木嫁接繁殖建园或进行大树高接换头。栽植密度（1.0～2.0）米×（3.5～4.5）米；树形以疏散分层形或枣头形为宜；成枝力一般，夏剪以摘心为主。

（2）加强土肥水管理。土壤瘠薄地区施肥以春施有机肥为主，果实发育期补充钾肥。萌芽前、花期、果实发育期和土壤封冻前遇干旱需浇水。花期干旱时喷水或硼酸，花期环割或开甲，另外应加强绿盲蝽的防治。

3. 适宜种植范围

可在河北省沧州市献县，石家庄市赞皇县、行唐县及与其生态条件类似区域栽培。

三、晚熟品种

（一）冬枣

别名黄骅冬枣、鲁北冬枣、沾化冬枣、苹果枣等。分布面广，山东、河北等地均有分布。1999年通过山东省植物品种审定委员会审定。

1. 品种特性

果实近圆形，似小苹果，纵径2.7～3.4厘米，横径2.6～3.4厘米，平均果重11.5克，最大35.0克。果皮薄而脆，赭红色，果肉绿白色，酥脆，细嫩多汁甜味浓，味酸甜。鲜枣含可溶性固形物30.0%以上，可食率96.9%。果核短纺锤形，纵径1.6厘米，横径0.8厘米，核重0.3克，多数具饱满种子。在山西太谷地区，9月中旬果实白熟，10月上中旬成熟采收，为极晚熟品种，生育期125～130天。

树体中大，树姿开张，成枝力强；早果性、丰产性一般；果实极晚熟，中大，鲜食品质极上，耐贮藏；对肥水条件要求较高，抗旱、抗寒性弱，对溃疡病、轮纹病、炭疽病、褐腐病等果实病害抗性一般，裂果极轻。

2. 栽培技术要点

（1）选择日照充足、地形开阔、土层深厚、疏松肥沃、排水良好，并有一定灌溉条件的园田为宜。该品种在自然条件下可自花结实，但配置其他品种授粉可显著提高坐果能力，并能增大果个，改善果形。与授粉品种比例以8∶1为宜，授粉品种可选'梨枣'或'晋枣'等。

（2）春、秋两季均可栽植。秋季栽植时间以落叶后（即寒露至立冬前）为宜，春季则以刚发芽时栽植最好。许多新建园死株现象严重与细菌性根癌病有关，故定植前应用72%农用链霉素400倍液加生根粉浸根，既杀菌又促进生根。覆膜栽培既有利于提高根系附近水分的供应，又可改善土壤的团粒结构，同时提高地温，不但缓苗快，而且很少出现死苗现象。

（3）密植栽培株行距为2.0米×3.0米，高密园株行距选择1.5米×2.0米。栽前挖长、宽、深各80～100厘米的定植穴，穴施农家肥40～50千克、磷肥1.5千克，肥、土一定要混匀，回填后浇水。

（4）密植枣园多采用自由纺锤形和小冠疏层形。其中自由纺锤形适用于高密度枣园，小冠疏层形适用于中密度枣园。密植枣园应经常保持土壤疏松、地表无杂草，肥水条件较好的果园可行间种草。种草的果园要注意经常刈割覆盖，使草的高度始终保持在30厘米左右。结果的枣园，萌芽前株施尿素0.3千克；开花前株施尿素0.4千克；幼果发育期株施磷酸二铵0.3千克；果实膨大期株施磷酸二铵0.3千克、钾肥0.4千克；落叶前后施基肥，亩施农家肥4000～5000千克，并混施尿素、磷酸二铵各50千克，硫酸钾30～40千克。根外施肥即叶面追肥，每年花期喷布尿素和硼酸各0.3%混合液，必要时可加喷赤霉素，连喷两次。花后和幼果发育期可结合喷药叶面喷布植物调节剂克兰德桑4～5次，每次间隔

15天左右。'冬枣'对水分的要求不是很敏感，但也要注意在花前、花期和幼果发育期干旱时浇水2～3次。适时适量浇水，配合施肥对'冬枣'增产效果十分显著。雨季应及时排水，防止涝害。

（5）枣树花期，当新生枣头有4～5个枣拐时，强枣头留4个、弱枣头留3个枣拐进行摘心。冬枣萌芽后，对主枝和枝组上萌发的过多新枣头应及时抹除。开甲一般在盛花初期进行，初次开甲可在主干距地面20厘米处进行。甲口宽度5毫米，甲口要光滑，宽窄一致。开甲后愈合不好时，可用塑料薄膜包扎伤口，加速伤口愈合。在初花期和盛花期喷布10毫克/千克赤霉素水溶液，可明显提高坐果率。枣果膨大期喷布10毫克/千克赤霉素，可明显提高单果重，增加产量。 花期若遇连续高温干旱，应注意每隔3～5天，于下午5时后叶面喷水，连喷4～5次，保持空气湿度，提高坐果率。花期喷布0.4%～0.5%的硼酸或硼砂，生理落果前再喷一次。喷布激素如盛花期喷布10～15毫克/千克萘乙酸或萘乙酸钠，在初花期和盛花期分别喷0.25毫克/千克和0.5毫克/千克的三十烷醇，均能显著提高坐果率。在'冬枣'枣吊形成花蕾后，每个枣吊只留中部1～2朵中心花，其余全部疏除。枣树属虫媒花，花期放蜂可提高坐果率。

3. 适宜种植范围

可在山东、山西、河南、河北、安徽、江苏、天津、北京、辽宁、陕西、甘肃等地种植。

（二）宁夏长枣

又名马牙枣、灵武长枣。由宁夏农林科学院和灵武市林业局选育，良种编号：宁S-SV-ZJ-003-2005。

1. 品种特性

果实长圆柱形略扁，果个较大，平均果重15.0克，大小较整齐。果色紫红色（成熟好的优质果，果皮上有片状小黑斑），果肉白绿色，质地细脆，汁液较多，味甜微酸，鲜食品质上等。鲜枣含可溶性固形物31.0%，可溶性糖25.3%，可滴定酸0.41%，维生素C含量为每百克693.0毫克，可食率94.0%左右。

在山西太谷地区，果实9月下旬成熟，发育期111天，为晚熟品种。树体高大、树姿直立；产量中等，不很稳定；果实中大，肉质酥脆，甜酸适度，为优良的中晚熟鲜食品种；风土适应性一般，耐寒性稍差。

2. 栽培技术要点

（1）苗圃地选择地势平坦、排灌畅通地块，以沙壤土、轻壤土为宜。砧木种子选用酸枣核或酸枣仁。选择品种纯正、生长健壮、丰产、优质、无病虫害的成龄结果树的一年生枣头枝做接穗进行嫁接繁殖。选择土层深厚、土壤肥沃，排灌、交通条件便利的地块。以地下水位1.5米以下、熟土层30厘米以上、pH值7.5至8.5，有机质含量较高的沙壤土或轻壤土。

（2）采用纺锤形、小冠形和开心形树形。冬剪以疏为主，短截枣头培养骨干枝。夏剪主要有抹芽、摘心、拉枝、疏枝措施。栽植密度每亩不超过110株。

（3）均衡施肥，前促后控。以有机肥为主，按比例适时追肥。前期注意防旱，及时灌水，8月中旬后控制灌水。

（4）采取摘心、花期叶面喷肥、结果期旺长树开甲（环割）、花期放蜂措施提高坐果率。调节树势，合理负载，提高果实品质。

3. 适宜种植范围

可在宁夏引黄灌区及与其生态条件类似区域栽培。

（三）冷白玉

由山西省农业科学院果树研究所选育，良种编号：晋S-SC-ZJ-008-2006。

1. 品种特性

果实9月底至10月初成熟。果实较大，纵径4.7厘米，横径3.4厘米，平均果重19.5克，最大30.0克。果实倒卵圆形或椭圆形，果皮较薄，肉质致密而酥脆，汁多，味浓甜。鲜枣含可溶性固形物29.4%，可溶性糖21.2%，可滴定酸0.2%，维生素C含量为每百克439.0毫克，枣核较小，核重0.6克，核形倒卵圆形，核内多有1粒饱满种子，可食率96.8%，鲜食。果实成熟期9月底至10月初，生育期120天左右，为晚熟品种。

树体紧凑，树冠较小，树姿半开张，成枝力差。早果性和早期丰产性强，适宜密植栽培，定植3年生的树90%以上的植株可结果，平均株产2千克，最高可产4千克。5年后进入盛果期，平均株产15千克，最高达25千克。果实耐贮，抗缩果病和黑斑病，较抗裂果。

2. 栽培技术要点

（1）土壤改良挖宽0.8米、深1.0米的定植沟，回填时沟底铺垫0.1厘米厚的植物秸秆，然后将有机肥与土壤充分混合均匀后回填，有机肥施入量500千克/亩。

（2）实生留床苗适于春季插皮接（4～5月）；秋季落叶后到翌年春季枣树萌芽前均可定植，选用的苗木主根保留25～30厘米，侧根保留25厘米且3条以上，整个根系相对发达、无病虫害、生活力强，干茎健壮、无损伤，无检疫性病虫。定植密度为3.0米×4.0米，间作4.0米×6.0米。

（3）栽植穴或栽植沟内回填表土垫底并施入有机肥，每株25～50千克。植苗时分层覆土，栽植深度以嫁接口露出地面5厘米左右为宜，栽后立即灌水。晴天、土壤干燥时要浇定根水。

（4）及时刮掉粗皮，压低树冠。'冷白玉'枣品种层性明显，多采用主干疏层树形。进入盛果期枣树，为保持树势不衰，修剪时应注意以下两个方面：一是疏枝，保持树体通风透光，防止内膛郁闭；二是回缩，当树冠高度超过整形要求时，要及早对主干、主枝进行回缩，防止上强下弱，导致结果部位外移。

3. 适宜种植范围

可在山西省太原以南的枣树适生区种植。

（四）蟠枣

别名京沧1号，由山西省林业和草原科学研究院引种驯化，良种编号：晋S-ETS-ZJ-023-2020。

1. 品种特性

果形类似蟠桃状，横径大于纵径，横纵径4.9厘米×3.6厘米；果个大，平均单果重30.9克。果核近圆形，两头略尖，纵横径1.4厘米×1.1厘米，无种仁。枣头红棕色，成枝力强，新枣头枝长50～150厘米，二次枝长30～63厘米，枣吊长16～40厘米，着生叶片10～25片。叶片卵状披针形，绿色光亮，叶尖渐尖，叶基偏斜，叶缘钝齿，长4.8～7.5厘米、宽2.4～3.8厘米。花量少，花序平均着生3～12朵花，花径5.8～6.5毫米。果实颜色鲜红，口感酸甜、酥脆，脆熟期可溶性糖含量23.0%，可滴定酸含量0.5%，可食率97.6%。

树体中等，树势较强，干性强，树姿较开张。树皮纵裂果实较抗病，落果轻。在山西临猗4月3日左右萌芽，5月30日左右盛花期，9月中下旬果实成熟，果实生育期约110天，为晚熟品种。

2. 栽培技术要点

（1）栽植密度为每亩83株或111株，行株距4.0米×2.0米或3.0米×2.0米。密植丰产园适宜开心形、主干疏层形等树形。

（2）为提高坐果率，盛花初期，在侧枝基部进行环割或环剥提高坐果率，环剥宽度约0.5厘米。

（3）花期喷施2～3次赤霉素（10～20毫克/升）和0.3%硼酸。

（4）降雨量大的地区，在果实成熟期，建议进行避雨栽培，减少裂果。加强水、肥管理和病虫害防治。

3. 适宜种植范围

可在山西省中部、南部枣树适生区域种植。

（五）晋冬枣

由山西省农业科学院园艺研究所和万荣县皇甫双领红枣专业合作社选育，良种编号：晋S-SC-MB-036-2015。

1. 品种特性

果个大，平均单果重22.1克，叶片5.9厘米×4.3厘米，叶圆厚、色浓绿。花量中多，花径6.8毫米，每花序花朵数12.5枚，坐果适中，9月下旬成熟，成熟期早于'冬枣'；果实扁圆形，果肉质地酥脆，汁液多，甜脆，鲜食口感好，早果易丰产。在山西省运城市万荣县4月上旬萌芽，比冬枣稍晚2～3天，5月初枣头枝进入旺盛生长期，5月上旬为初花期，5月中下旬进入盛花期，比冬枣晚3～5天，花期可持续到6月中旬，枣果白熟期为9月初，9月上旬开始上色，上市时间较'冬枣'早10天左右，9月下旬枣果脆熟，11月上中旬落叶。果实生育期105天左右，为晚熟品种，与'冬枣'物候期相近，但成熟稍早。

该品种树势中庸，发枝力低于'冬枣'，顶端优势强，主要表现为树冠中大。抗逆性好，在果实成熟期日灼较轻，较抗裂果。5年生树株产11.2千克以上，亩产可达1000千克以上。

2. 栽培技术要点

（1）以优质酸枣苗或'骏枣'根蘖苗作砧木，株行距2.0米×3.0米或1.5米×4.0米，栽植密度为110株/亩，为了早期获得高产可以进行1.5米×2.0米高密度栽培。

（2）每年秋末施足有机肥，生长期适当追肥，并配合叶面喷肥。在萌芽前、花期、果实膨大期、封冻前保证树体水分正常供应。

（3）适时摘心、开甲等，韧皮部偏薄，花期采用环剥技术促果时，应较冬枣稍窄一些。

（4）在栽培管理中应多注意绿盲蝽、食芽象甲、枣瘿蚊、桃小食心虫、红蜘蛛等病虫害的防治。

3. 适宜种植范围

可在山西省年均温11℃以上地区栽培。

（六）鲁枣6号

由山东省果树研究所选育，良种编号：国S-SV-ZJ-019-2012。

1. 品种特性

果实长柱形或平顶锥形，平均纵径3.12厘米，横径2.61厘米，果实较大，平均单果重12.2克，最大15.4克，果实大小均匀。果顶平圆，果肩平圆齐整，梗洼浅、中广、环洼浅、较宽大。树姿直立，树势中庸，主干灰褐色，粗糙，皮易剥落。一年生枝紫红色，富光泽，皮孔大，圆形。针刺发达，长而粗壮，最长者4.0厘米。二次枝自然生长节数7～11节。二年生枝紫褐色，多年生枝灰褐色，较粗糙。结果母枝圆锥形。结果枝长16.2～27.5厘米，着叶11～15片。叶卵状披针形，长5.8厘米，宽3.0厘米，叶尖钝尖，锯齿粗，浅圆，1厘米有锯齿3～4枚。花量多。花昼开型，蜜盘绿黄色，花径0.6厘米，中大。果皮鲜红色，中厚。果肉绿白色，肉质细、疏松、汁液中多，味酸甜。可溶性固形物34.5%，可食率97.1%，维生素C 4.62毫克/克，鲜食品质上等。果核纺锤形，中等大，平均单核重0.3克。在山东泰安，4月初萌芽，5月中旬始花，5月下旬至6月初盛花，9月中下旬开始着色，10月上旬成熟采收，果实生长期110～120天。

树冠呈自然圆头形，发枝力中等。定植当年株高1.54米，冠径0.9米×0.9米，干径2.1厘米，萌发二次枝21条，结果母枝126个。早实性强，酸枣砧嫁接苗及高接换头当年结果。一年生枝具良好的结果能力，未环剥果枝比1.3以上。定植后3～5年进入丰产期，2年生树平均株产0.4～1.7千克，4年生平均株产4.6千克，产量510.6千克/亩，连续结果能力强。成熟时遇雨不裂果。果实病害轻。抗干旱，耐涝，在雨季地下水位30～50厘米的黏壤和沙壤土上生长结果良好。耐瘠薄，在山岭薄地生长结果良好。

2. 栽培技术要点

（1）选根颈直径0.8厘米、苗高80厘米根系良好的优质苗木栽植。平原地株行距（2.0～3.0）米×（3.0～4.0）米，山区按等高线1.5～2.0米株距定植。授粉品种推荐'鲁枣4号'。

（2）适宜树形开心形或小冠疏层形。整形修剪以生长季为主。采用抹芽、摘心、拿枝、撑枝、环割等措施。开花坐果期无须环剥，初花期新梢摘心，盛花初期喷施10毫克/升赤霉素，调节坐果量，合理负载。

（3）年施基肥1次，以有机肥为主，施肥量5000～10000千克/亩；追肥3次，分别在萌芽前、花前及幼果期进行，第1次以氮肥为主，后2次磷、钾肥配合氮肥施入，施肥量依树龄及树体生长状况确定。

（4）常规法防治绿盲蝽、桃小食心虫、枣瘿蚊、枣锈病等。

3. 适宜种植范围

可在山东、河北、山西、新疆等枣树生长的生态区域栽培。

（七）沧冬3号

由河北省林业和草原科学研究院从'黄骅冬枣'中选育的芽变晚熟品种，良种编号：冀S-SV-ZJ-105-2019。

1. 品种特性

果实圆形，赭红色，果点小、白色；平均单果重20.3克，最大34.5克；纵径3.7厘米，横径3.8厘米，果形指数0.9，大小均匀；果皮薄，果顶凹。发枝力弱于'黄骅冬枣'，枝条年生长量较小，枝叶较密。3～5年生枣股抽生枣吊2～4个，平均2.8个。枣吊长16.8～32.2厘米，平均23.2厘米，叶片7～20个，平均12.4个。果肉黄白，硬度每平方厘米11.8千克，可溶性固形物含量34.9%，维生素C含量为每百克292.0毫克，可食率97.5%。果核纺锤形。

树势中庸，高接换头2～3年进入丰产期，高接8年，每亩产量1318.7千克，连续结果能力强。物候期与'黄骅冬枣'相似，在河北省沧州地区4月中旬萌芽，6月初始花，9月下旬（白熟期）至10月中旬（完熟期）可陆续采收，果实发育期125～130天。

2. 栽培技术要点

（1）以嫁接繁殖为主，选用枣和酸枣作砧木，在春季树液流动后的4月中下旬开始嫁接。苗圃地播种的酸枣可采用劈接法，高接换头时粗的主枝采用插皮接，1厘米以下的枝条可利用粗的枣头接穗进行腹接或劈接。可采取直接栽植抗性苗木、高接换头建园。适宜树形为开心形、小冠疏层形，以疏枝、缓放和拉枝等修剪方法为主，株行距为（2.0～3.0）米×（4.0～5.0）米。

（2）施肥以有机肥和生物肥混施，秋施基肥，施肥后及时浇水。

（3）开甲宽度比普通'冬枣'窄20%～30%。开甲当天涂抹1次果树伤口愈合保护剂，20天后再涂抹1次。枣树花期如出现连续高温天气，可使用枣树保花坐果剂进行预防，提高坐果率。

（4）害虫主要有枣红蜘蛛、绿盲蝽、枣尺蠖、桃小食心虫、红缘天牛、皮暗斑螟等，病害有枣锈病等，选用高效低（无）毒低（无）残留药剂及生物制剂进行防治。

3. 适宜种植范围

可在河北省等'冬枣'种植区栽培。

（八）蛤蟆枣1号

由西北农林科技大学林学院从'蛤蟆枣'的自然变异中筛选出来的鲜食制干兼用品种，良种编号：陕S-SC-ZH-007-2015。

1. 品种特性

果实大，扁柱形，纵径5.6厘米，横径3.6厘米，平均单果重28.0克，大小很均匀。鲜枣着色浓，美观，果面不平滑，有明显的小块瘤状隆起和紫黑色斑点。枣头萌发力中等，生长势强，年平均生长量60厘米，节间长6～9厘米，着生二次枝5～8个，每股平均抽生4.2条枣吊。枣吊平均长20.3厘米，最长40.0厘米。叶片大，长卵形，长6.2厘米，宽3.4厘米。肉质较密，含水率中等，可溶性固形物含量32.4%，可溶性糖含量28.4%，可滴定酸含量0.4%，维生素C含量为每百克627.7毫克。核重0.40克，鲜枣可食率98.3%，制干率47.6%。在陕西清涧，4月底萌芽，6月上旬始花，9月上旬着色，9月下旬进入脆熟期（鲜食采收期），10月中旬进入完熟期（干制采收期）。果实发育期115天。

树体高大强健，中心干较强，树姿较直立，枝条中密粗壮。抗寒、抗病性强；很少感染缩果病和炭疽病。

2. 栽培技术要点

（1）适宜在西北光热资源丰富的地区栽植，在高水肥条件下进行矮化密植栽培或设施栽培。

（2）可采用2.0米×3.0米的株行距，采用开心形树形，树高1.5～2.0米，培养4～5个主枝。在新疆枣区露地栽植，可采用1.0米×（3.5～4.0）米的株行距，树高控制在1.5～1.8米，挂果3～4年以后进行间伐，株行距改为2.0米×（3.5～4.0）米，树高控制在1.8～2.2米。

（3）高接换种时，嫁接口易受灰暗斑螟（甲口虫）危害，可用苦参碱等植物源农药涂抹接口，用塑料膜包扎进行防治。

3. 适宜种植范围

可在西北地区及气候条件相似的地区栽培。

第三章
枣树栽培设施规划与建设

第一节　设施架构与规划

一、遮雨棚

（一）园地选择

枣树喜光，宜栽培于地形开阔、日照充足的地方。选在海拔1000米以下，干旱季节土壤能保持适当的含水量，花期空气相对湿度60%以上的避风向阳、日照充足、土层深厚、质地疏松、肥沃的耕地建园。平原地区应选择排水良好、无长时间积水的地块（积水时间不能超过10天）。沙土、壤土、黏土以及沙质壤土，均适宜枣的栽培，但以排水良好、渗透性强、通气好、土层厚、水位较高的沙土或沙壤土，最适枣树的生长发育。山区开阔向阳、土壤较深厚的低位坡地，土质不过于黏重的地块，均适宜种枣。土壤黏重板结的土地，栽植枣树前，需要进行人工改良土壤；排水不良的地方要设置排水沟或暗管。规划建立枣园附近不宜栽植柏树、桑树等树种，以杜绝枣疯病传染源。鲜食枣不耐贮藏，要选择有灌溉或水源条件、充足肥源（如鸡场、养猪场）、交通条件便利或近集中消费区。

（二）类型选择

树体高度2米或小于2米密植园，由于雨棚距地面近，不易调控温湿度，采用起收式棚架为宜；树体高度2.5～3米密植园，固定式棚架和起收式棚架（图

3-1）均可采用；树体高度大于3米密植园，一般采用固定式棚架。棚高一般高于树体0.5～0.6米。

起收式棚架结构一般外层覆盖棚膜，在单棚外一侧或两侧安装卷膜器；单棚包括与地面垂直固定的两侧立柱，固定在两侧立柱顶端的拱架，两侧立柱与拱架通过承插对接固定，拱架中心位置下部还固定有中间立柱，拱架和两侧立柱上固定有与其交叉固定并呈纵向十字形的横梁；棚膜外间隔设置压膜线，压膜线一端固定在地角上，另一端固定在压膜线杆上，卷线器带动压膜线杆转动，可紧线或松线；单棚门前地下两侧安装有卷膜器支架，卷膜器固定在卷膜器支架上，棚膜的两端固定在卷膜杆上，卷膜杆可沿两侧立柱及拱架移动。

另外也可由防雨布做成遮雨棚，由电动或手动方式收起篷布。包括至少两个纵向排列设置的棚架，棚架包含立柱、固定于立柱上部与立柱交叉呈十字形的横梁，相邻两棚架的立柱顶端之间、横梁相对应端部之间分别连接有挂布绳，相邻两棚架间的挂布绳上搭挂有防雨布，防雨布与相邻两棚架横梁相对应端部间挂布绳对应的两布边分别通过若干个挂件与对应的挂布绳固定。结构简单，造价低，安装方便，避雨防裂效果好，便于构建连栋大棚，防雨布的展开、收起可调控遮雨棚内的温、湿度，有效防止果面结露。

固定式棚架结构与起收式棚架结构类似，不同之处在于固定式棚架遮雨棚主要由棚膜覆盖，且固定。

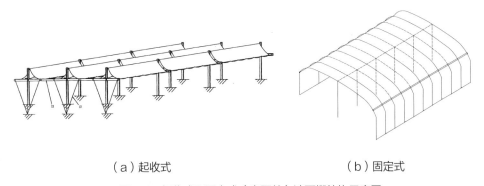

（a）起收式　　　　　　　　　　（b）固定式

图3-1　起收式和固定式（半覆盖）遮雨棚结构示意图

（三）棚膜的选择

1. 无滴聚乙烯（PE）棚膜和聚氯乙烯（PVC）棚膜

在透光率、保温性、耐寒能力方面PE大于PVC，在吸尘性能、耐老化能力、密度、透湿性、价格方面PE小于PVC，PE棚膜在较高结露水平条件下，保温能力反而高于PVC棚膜，且易于用黏合剂粘结和修补。新型棚膜有：聚乙烯无滴长寿棚膜，聚乙烯多功能棚膜，聚乙烯无滴调光棚膜及漫反射棚膜，聚氯乙烯无滴长寿棚膜，乙烯-醋酸-乙烯三层共挤无滴保温长寿棚膜等，尘埃少的地区用聚氯乙烯棚膜，城郊多尘地区用聚乙烯棚膜，高原地区用调光棚膜。

2. 防雨布

目前主要以牛津布为主，又叫牛津纺，多用涤纶涤棉混纺纱与棉纱交织。具有易洗快干、手感松软、吸湿性好等特点。制作防汛防雨用品主要是用锦纶牛津布。坯布经过染整、涂层工艺处理后，具有手感柔软、悬垂性强、防水性强等优点，布面具锦纶丝光泽感观效应。

（四）建园方式

遮雨棚设施栽培枣园适宜密植栽培，枣树控冠比较容易。纯枣园栽植密度一般为2.0米×3.0米。

（五）枣园规划

该部分主要介绍平地枣园的规划。建园面积较小时，可用测绳或皮尺丈量，计算面积；建园面积较大（500亩以上）时，可用罗盘或小平板仪测量，绘出平面图，然后在图上进行规划。

1. 小区划分

平地建园，因为地形、土壤、光照等自然条件变化不大，作业区可大些，面积可根据实际需要和可能进行划分。一般每20～50亩划为一个小区。在同一作业区内土壤及气候条件应基本一致以保证作业区农业技术的一致性，有利运输及机械化管理。山区、丘陵枣园的小区大小、走向应按地形、地势和自然地块划分。面积可大可小，一般按分水岭、沟谷和等高线等自然地形来确定。小区的长边要与等高线平行，以便排灌通畅，保持水土。

小区形状可根据实际情况而定，一般为长方形，也可规划为正方形。若规划为长方形，长边的走向应与树行方向同为南北向；在风害多的地区，应与主风方向垂直。

2. 道路系统规划

为了枣园管理和运输方便，应根据需要设置宽度不同的道路。设置道路应与小区、排灌系统、输电线路相互结合。大中型枣园的道路一般可分主路、支路和小路三级。主路要位置适当，贯穿全园，便于运输，路宽6.0～8.0米。支路与主路相接，宽度一般4.0～5.0米，可作为小区分界线。小路也叫作业道，宽度2.0～3.0米，设在小区内，并与支路垂直相接。小型枣园，为减少非生产用地，可不设主路和小路，只设支路。

山地、枣园的道路应根据地形修筑，可以利用分水岭和地埂等非生产用地作为道路。顺坡道路应选坡度较缓处，根据地形特点，迂回盘绕修筑，尽量通过沿等高线栽植的各行枣树；横向道路应沿等高线位置。

3. 排灌系统的规划

枣树虽耐干旱，但为了丰产优质，建园时必须设置排灌系统。特别是水位高的地区要注意排涝，根据地形、水流方向开挖排水沟，设置排水系统。

平地枣园用水的来源，一是靠水库渠水，二是开发地下水。靠地下水灌溉的枣园，每百亩配备一眼机井。配水系统包括干渠、支渠和园内的灌水毛渠，二者相互垂直并与园内道路相配合。干渠将水引至园中，纵贯全园。支渠将水从干渠引至作业区；灌水的毛渠则将支渠的水引至果园树行间，直接灌溉。为了节约用水，可采用滴灌或喷灌等设备。

山区枣园的灌溉水源主要来自引水上山。供水点应设在枣园的最高处。渠道一般采用PVC塑料管铺设，保证每棵树的灌溉。石质山地枣园要特别注意排水，防水土流失，特别是起伏较大的枣园更应注意。山地枣园主要是排除地面径流。排水系统是由梯田内侧的排水沟和垂直于排水沟的集水沟组成的。集水沟应顺坡设置，设在枣园内或枣园边上下走向的山脊上。

4. 其他规划

枣树虽抗风，但在风沙大的地区，为保证正常结果，可在迎风面设置防风林带。较大的枣园，还要设计包装场、果库、农药库、工具棚、配药池等。为减少非生产用地，小区、道路、排灌系统和其他设施要综合考虑，一般非生产用地不超过总面积的1%。

二、塑料大棚

（一）园地选择

选址首先要选地势开阔平坦，背风向阳，有水源、电源，交通便利，东南西三面无高大建筑物或树木遮阴的地块。其次要挑选土壤比较肥沃、土层比较深厚、有机质含量高的地块进行建造。此外，为了延长它的应用寿命，最好不要建在风口处。

（二）类型选择

塑料大棚内气温日变化趋势与露地相同，大棚内有限空间的昼夜温度调节总原则为夜间保温，白天散温。枣树设施栽培控温应该尽量模拟外界温度，并防止高温和低温的发生，尤其是中午高温不能过高。设施内高温可能导致树体营养生长与生殖生长的失衡。晴天条件下，由于枣的光补偿点较低，设施栽培内部光照强度可以满足枣树光合作用，枣树花期温度管理成为此期间的关键。该期设施调节管理主要是进行温度控制，尤其是高温的控制。钢架连栋大棚相比竹架大棚具有更稳定缓和的温度调节区域。塑料大棚结构示意图见图3-2。

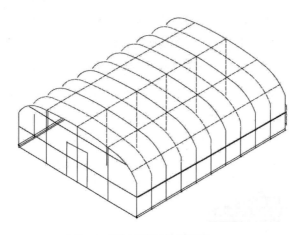

图3-2　塑料大棚结构示意图

1. 竹木结构大棚

一般以竹竿为拱杆，木杆为立柱和拉杆，跨度12.0～14.0米，中高2.5～3.0米，长50.0～60.0米。拱杆间距多为1米。另外，悬梁吊柱竹木大棚与一般竹木结构大棚相同，适当增加立柱与拉杆的粗度，取消2/3立柱，用小吊柱支撑拱杆，小吊柱下端固定在拉杆上，上端支柱在拱杆下部。竹架大棚具有建造成本低、比较效益好的优势，建议设置拱顶通风口，促进热空气上排，减少拱顶不易流动空气的负面效应，以优化设施栽培条件下枣树成花环境。竹架大棚由于空气流动动力单一，且棚高较低，中午易发生高温的情况，通风加大，又容易造成温度剧烈变化，且不易对流空气的分布较低，易造成树体花芽分化出现问题，表现为枣吊近梢部花芽分化不良。通风差的竹架大棚内部常有高温出现，尤其是外界无风的晴天，使得棚内枣树盛花期温度过高，造成营养生长过旺，生殖生长较弱，表现为坐果情况不良，枣吊上中部成花效果不好等现象。

2. 钢架结构大棚

一般跨度10.0～12.0米，中高3.0～5.0米，长55.0～66.0米。拱杆由6

分镀锌管弯成拱圆形，两端焊在地锚上，每3根拱杆设一道带下弦的加固钢架，下弦用φ12钢筋，拉花用φ10钢筋，在下弦处焊3道拉筋，拉筋用6分镀锌管，每根拱杆用φ10钢筋作斜撑焊在拉筋上。利用钢架连栋大棚良好的设施构架，可以增加强制排风设施，快速有效模拟外界枣树开花期的温度变化。钢架大棚棚体较高，空气流动强于竹架大棚，即使棚体大型连栋也具有自身空气流动动力。

（三）棚膜的选择

按其合成的树脂原料可分为聚乙烯（PE）棚膜、聚氯乙烯（PVC）棚膜、乙烯醋酸乙烯（EVA）棚膜和聚烯烃（PO）棚膜等。其中PE棚膜应用最广，其次是PVC棚膜。生产中按其性能特点分为普通棚膜、防老化棚膜、无滴棚膜、漫反射棚膜和复合多功能棚膜等。

1. 聚乙烯（PE）棚膜

PE普通棚膜：透光性好，尘埃附着轻，透光率下降缓慢，耐低温-70℃；密度0.92克/立方厘米，同等重量的PE棚膜覆盖面积比PVC棚膜增加24%；红外线透光率高达87%～90%，夜间保温性能好，且价格低。其缺点是透湿性差，雾滴重；不耐高温日晒，弹性差，老化快，可连续使用时间4～6个月。日光温室基本上每年都换新PE棚膜。

PE防老化棚膜：克服了PE普通棚膜不耐高温日晒、易老化的缺点。目前我国生产的PE长寿棚膜厚度为0.08～0.12毫米，宽度规格有1.0米、1.5米、2.0米、3.0米及3.5米不等，可连续使用2年以上。其优点与PE普通棚膜相似。

PE防老化无滴棚膜：在PE长寿棚膜中加入防寒剂，具有无滴棚膜的良好性能，同时流滴性、耐候性、透光性和保温性好，整个覆盖期内都能保持良好的透光性。防雾滴效果可坚持2～4个月，耐老化寿命可达12～18个月，是性能较全，运用普遍的农膜种类，不只可用于温室及大、中、小棚，而且对节能型日光温室早春茬栽培也较为适用。

PE复合多功能棚膜：在PE普通棚膜中加入各种特异功能的助剂，使棚膜具有多种功能。同样条件下，夜间保温性能比普通PE棚膜提高1～2℃，每亩棚室使用量比普通棚膜减少30%～50%。有的能抑止菌核病子囊盘和灰霉菌分孢子的构成。使用期可达12～18个月。

2. 聚氯乙烯（PVC）棚膜

PVC普通棚膜：透光性能好，但易吸附尘埃，不易清洗，污染后透光性能严重下降。红外线透光率比PE棚膜低约10%，耐高温日晒，弹性好，但延伸率低。透湿性较强，雾滴较轻，密度大。同等重量的覆盖面积比PE棚膜小

20% ~ 25%。PVC棚膜适于夜间保温性要求高的地区和不耐湿果树的设施栽培。

PVC无滴棚膜：添加表面活性剂（防寒剂），使棚膜的表面张力与水相同或相似，薄膜下面的凝聚水珠在膜面形成一薄层水膜，沿膜面流入棚室底脚土壤中。可降低棚内的空气相对湿度；露珠下落的减少可减轻某些病虫害的发生。由于薄膜内表面没有密集的雾滴和水珠，增强了光照，因而晴天升温快对设施果树的生长发育极为有利。但PVC无滴棚膜与其他果树设施棚膜相比，价格较高。

3. 乙烯醋酸乙烯（EVA）棚膜

EVA棚膜是当前使用数量较多的一种棚室塑料薄膜。该类薄膜具有超强的透光性，透光率达92%以上；具优良的流滴消雾性，流滴期为4 ~ 6个月；具优良的保温性、防尘性和超强的耐老化性（18个月以上），但价格较贵。

4. 聚烯烃（PO）棚膜

PO棚膜是近几年发展起来的一种新型薄膜，是采用聚烯烃生产的高档功能性农膜，其透光性、持续消雾性、流滴性、保温性等在棚膜中处于领先地位，性价比较高，是最具推广前景的一类薄膜，但当前国内很多PO棚膜质量不稳定，在选购时还需认准知名品牌。

棚膜使用应注意以下几点。

第一、大棚的准备。

如大棚采用了板条和竹木质部件，扣棚前，最好用非油基的消毒剂进行消毒；如发现框架及支撑装置，摇膜装置损坏，应及时更换或修理；接触棚膜的金属及木质部件，外表面要光滑，或者用聚乙烯膜条捆扎所有的凸出及连接部件；温室在扣棚膜前，应清扫天沟和安装排水管。

第二、棚膜的选购。

棚膜按成型加工方式，分为单层吹膜、多层共挤吹膜。在同等条件下，多层共挤棚膜的物理机械性能，要好于单层棚膜。棚膜的透光率一般要求在85%以上。但也不是透光率越高越好。棚膜透光率高，进入大棚的太阳光能量多，有利于植物的生长，但直射的阳光会损伤植物。在棚膜中加入适量保温剂，会使其透光率下降，但有利于棚内夜间的保温，而且这种棚膜能够使进入温室的阳光发生漫反射，令温室各个方向都能均匀地获取光能量。棚膜的厚度减薄，虽然有利于降低大棚成本，但是，棚膜的厚度与性能及使用寿命有直接关系，只有维持一定厚度的棚膜才能正常使用。

棚膜厚度可根据有效使用期选择：有效使用期为16 ~ 18个月，选购棚膜厚度为0.08 ~ 0.10毫米；有效使用期为24 ~ 36个月，选购棚膜厚度为

0.12 ~ 0.15毫米；连栋大棚使用的棚膜，其厚度在0.15毫米以上。

目前，国际上通常认为，棚膜有效使用寿命最长为三年。连续使用超过三年，不利于土壤的消毒和改良，透光率损失过多。这时，即使棚膜没有损坏，也应更换棚膜。

在选购棚膜时，棚膜的尺寸根据实际设施长度和宽度确定，预留适当部分用于压膜。

多功能多层（三层）共挤棚膜，往往根据棚膜使用时的要求设计棚膜结构，比如外层具有防老化功能、无流滴功能等，故扣棚时必须认真阅读生产厂商的产品说明书或棚膜上的标志，确认棚膜正反面的功能后再使用。

第三、棚膜的铺盖。

在种植时间里安装棚膜要适时；铺盖棚膜最好在早上或者傍晚，温度较低且没有大风的时节进行。铺放棚膜应均匀地在各个方面拉紧，防止出现横向皱纹（容易产生水滴）。如果在气温较高的情况下铺膜，棚膜不宜拉得太紧。因为气温高时，棚膜易拉伸，一旦气温降低或晚间，棚膜出现回缩时，易在节点处棚破；铺放棚膜时，应尽量避免棚膜拖地，避免棚架划破棚膜；棚顶和盖帘的安装，最好同时进行；发现棚膜有洞或小裂缝时，应及时用透明胶带粘补。

（四）建园方式

设施栽培枣园均为密植栽培，适宜矮化品种。纯枣园栽植密度一般为1.0米×2.0米或1.0米×1.5米。

（五）枣园规划

大棚的设计内容包括棚型、高跨比、长跨比等。

1. 大棚的棚型

流线型的大棚，不但可减弱风速，压膜线也能压得牢固，应提倡使用；而带肩的棚型，在遇风速大时，薄膜易被风吹起，使薄膜破损，不宜采用。

2. 大棚的高跨比

大棚的高跨比以0.25 ~ 0.30比较适宜，高跨比越大棚面弦度越大。带肩的大棚，计算高跨比时，要用棚高减掉肩高，即高跨比=(棚高-肩高)／跨度。所以高跨比值小，棚面平坦，抗风能力低。

3. 大棚的长跨比

长跨比与大棚的稳定也有关系，长跨比值越大，地面固定部分越多，稳定性越强。例如大棚面积为1亩，14米跨度，长度应为47.6米，周边长为123米，而10米跨度，长度为66.6米，周边长度为153米。大棚的长跨比等于或大于5，稳定性比较好。所以，大棚的跨度以10～12米比较适宜。

场地选择的条件与日光温室基本相同，要求场地更开阔，由于大棚的抗风能力低于日光温室，必须避开风口。建设大棚群时，棚间前后距离应达到2.0～2.5米，棚头之间距离达到5.0～6.0米，有利于通风和运输。

（六）建筑要求

塑料薄膜大棚的性能除与建造材料有关外，还与设计时的棚体跨度、棚面弧度和高跨比有密切关系。

（1）大棚建造的方向。提倡南北延长，其主要原因是南北延长的大棚内光照分布比较均匀，便于通风。

（2）大棚的面积。竹木结构的大棚，面积667～1000平方米，钢架为1000～1334平方米。

（3）适宜的棚体宽度（跨度）。竹木结构10～12米为宜；钢筋桁架以10米为宜；钢管结构8～12米为宜（单管为8米，双管桁架为10～12米）。

（4）大棚长度。以50～60米为宜。超过100米则管理不方便，通风不畅，湿、热空气不易排出。

（5）合理的高跨比。大棚的高跨比等于大棚的中高与大棚跨度的比值。我国北方高跨比以0.2～0.25为宜。

（6）保温比。即栽培面积与覆盖的棚膜面积之比。以0.6～0.7为宜。

（7）通风量。采用自然通风，顶部开中缝或天窗，东西两侧各开一条侧缝进行通风。

三、日光温室

日光温室为前坡面，夜间用保温被覆盖，东、西、北三面为围护墙体的单坡面塑料温室。我国的日光温室大棚分布范围较广，经过改进，结构类型较多。

（一）园地选择

选择做建筑日光温室群的地块，首先要考虑地形和地势，要选地形开阔、地势高、背风向阳，东、西、南三面无高大树木、建筑物和山丘遮阴的地方，在风口、河谷和山川地带不宜建温室。其次还要考虑当地条件，建温室的地块，地下水位要低，土质疏松肥沃，无盐渍化，水质要好，排灌条件要好等。选好场地后，要进行合理规划。对温室的方位和间距、田间道路以及附属建筑要进行合理布局。坐北朝南，东西延长是日光温室的常用方位。前后两排温室相隔的距离以前排温室不对后排温室构成明显遮光为准，要保证后排温室，在光照最短的季节里，每天至少应有7小时以上的光照时间。温室群内东西两列温室间应留4～6米的通道，并附设排灌沟渠。

（二）日光温室的构造

塑料日光温室由墙、前屋面、后屋面、防寒沟、地基、通风口、工作间等组成。墙包括东山墙、西山墙和北墙；前屋面包括骨架、透光覆盖材料和外保温覆盖材料；后屋面包括承重、保温、防水等三部分；当温室长50～60米时，工作间一般位于温室一侧，超过100米时，工作间位于温室中间。工作间作为附属用房，也起缓冲作用，一般大小为8～11平方米。

（三）类型选择

日光温室按照墙体材料不同可分为土墙、砖墙、复合保温结构等类型。按后屋面长度分，有长后坡温室和短后坡温室。按结构分，有竹木结构、钢木结构、钢筋混凝土结构、全钢结构、全钢筋混凝土结构、悬索结构、热镀锌钢管装配结构。

1. 斜平面竹木结构日光温室

温室脊高2.8～3.2米，跨度7.0～8.0米，前柱高1.2米左右，后墙高1.8～2.0米，后坡长1.5～1.7米，仰角30度以上，后坡在地面上的水平投影1.2～1.5米。脊高与跨度根据各地合理屋面角要求可稍做调整。前屋面下设前柱、腰柱和中柱三排顶柱，中柱向北倾斜10～15度，腰柱向南倾斜10～15度。中柱顶在后坡桁上，隔2.0米左右设一个中柱，在桁顶端中脊部位东西向搭脊檩；再在前柱、腰柱及脊檩上搭南北向斜梁，间距3米左右一排。前柱前部到底脚用竹片弯成拱状插入前底脚处即可。顶柱可用水泥或石条，规格12厘米×（10～12）厘米，中柱受力大，要稍粗大些。屋面东西向隔35～40厘米拉一道铁丝，经山墙拉紧固定。顺屋面在铁丝上南北向隔60～70厘米绑一根竹竿或竹片，每隔2.0米左右设一排卡槽，然后覆上薄膜，再将卡条镶嵌于卡槽中固定薄膜。若不设卡槽，也可压细竹竿穿细铁丝把薄膜固定在骨架上。后墙以土墙为主，宽1.0米左右，外培半米左右防寒土。后屋面用秸秆等作房箔，上面覆旧薄膜，再盖一层防寒土（或秸秆等物），厚40～70厘米，呈缓坡状。

2. 斜平面与拱圆形钢竹混合结构日光温室

斜平面钢竹混合结构日光温室，规格、形状与竹木结构温室相近，只是骨架由钢筋或钢管作形焊接而成。屋面中上部为斜平面，前部到底脚弯成拱状。钢架用14～16#钢筋作上下弦。用8～10#钢筋作腹杆(拉花)，焊接成断锚三角形的三弦钢架；或用3.3厘米左右粗度钢管作上弦。用16#筋作下弦焊成二弦钢架，并按屋面要求作形。屋脊处设中柱，东西搭横梁(可用粗钢管、角铁等)，钢架后部固定在横梁上，前部固定在水泥墩预埋件上。东西向每隔3.0米左右设一个钢架，钢架间东西向用西14#钢筋作拉杆，设2～3道，焊在钢架下弦上面，把各个钢架连成一体。钢架上顺屋面隔30～40厘米东西向拉一道8#铁丝，铁丝上顺坡面南北向每隔0.7米左右绑一根竹片或竹竿，每隔2米左右设一道压槽固定棚膜即可。这种温室顶柱少，光照好，较竹木结构温室牢固耐用。

3. 拱圆形钢架结构日光温室

温室跨度7.0～8.0米，后墙高1.8～2.0米，后坡长1.5～1.7米，投影宽度1.0～1.5米，前后屋面骨架为钢结构一体化半圆拱形钢架，上弦为6分钢管，下弦为12～14#钢筋，腹杆为8～10#钢筋，上下弦间距13厘米左右。前屋面拱圆形。后屋面的钢架采用直线形或微拱形均可，后屋面与最高点要有30厘米左右距离，便于卷放草苫。距离前底脚0.6米左右处屋面高度要保证1.2米以上。拱形钢架后端搭在后墙上，与事先在后墙端合适位置做好的钢筋预埋件焊接在一起，前端与前底脚钢筋预埋件焊在一起，或焊在下面垫砖或水泥柱等的东西向水平放置的钢筋上。拱形钢架东西向间距0.8～1.0米，后屋面上端东西向用钢管或角铁焊在钢架上弦上面作拉杆，前屋面用φ14钢筋作拉杆焊在钢架下弦面，焊2～3道拉杆把各个拱架连成一体。后屋面用竹帘作房箔，上面盖2层草帘，再覆一层旧薄膜。然后覆土呈缓坡状。后墙外培防寒土，若砌成空心夹层墙厚度达1.0米左右，可不培防寒土。前屋面覆盖薄膜后，在薄膜上两拱架之间用10#铁丝或专用压膜线顺屋面压住薄膜。这种温室内无顶柱，骨架简单牢固，室内采光良好，作业方便，但造价较高。

4. 拱圆形竹木结构日光温室

温室跨度7.5米左右，中脊高2.8～3.0米，后墙高1.8米左右，以土墙为主，墙厚1.0米；也可采用石墙，厚0.5米，外培防寒土。前屋面下设前柱、2根腰柱及中柱四排顶柱。前柱高1.0米左右，中柱向北倾斜10～50度顶在后屋面柃上。前柱、腰柱上东西向搭横梁，横梁上按需安拱杆的位置上钉高5厘米左右的小吊柱，拱杆固定在小吊柱上，拱杆后端固定在后屋顶脊檩上，拱杆间距0.5～0.7米。由于后屋面受力大，要求中柱粗大，间距2.0米左右一根。腰柱与前柱东西向根据横梁强度3米左右一排。前柱到前底脚用竹片做拱形插入地中即可。前柱到前底脚0.5～0.6米，前柱高1.0米，加上横梁与小吊柱，屋面距地面垂直高度达1.2米左右。后屋面柃上端搭在中柱上，下端搭在后墙上；柃上东西向搭脊檩、腰檩共4排；檩上面用玉米秆、高粱秆等作房箔，上面覆土呈缓坡状。这种温室材料来源广泛，造价低，应用较多。存在的缺点是，前屋面下顶柱横梁较多，遮光面大，作业不便，耐久性差。

5. 半地下式日光温室

室内栽培畦在地平面下0.9～1.0米。温室中脊高2.1米，后屋面长1.2～1.3米，水平投影宽为1.0米，后墙高1.9米，墙厚1.0米，土筑。这种温室采光与保温性能好，最冷季节室内外温差可达32℃以上。这种温室适于冬季严寒、全年降雨量少、地下水位低的西北地区的蔬菜生产。若果树上应用，可在地下水位低，地势较高且四周排水畅通地块，地面向下凹30厘米左右。

以上5种类型的日光温室是目前果树保护地栽培中使用较多的几种，也存在一些不足之处，需要今后进一步研究改进。

（四）棚膜的选择

温室使用的多功能棚膜，主要是长寿无滴棚膜，它是在普通棚膜生产技术基础上，发展起来的温室覆盖材料。它采用物理机械性能高的PE、EVA树脂及功能母料进行制造，其使用寿命长，保温性好、光学性能高、流滴性好，因此，具有较高的性能价格比，更能符合植物栽培的要求，多功能棚膜各项功能的发挥，特别是要延长其使用时间，除应选择质量好的棚膜外，恰当地使用棚膜也是极为重要的。具体可参考塑料大棚结构棚膜的选择。

有的日光温室采用玻璃作为覆盖材料。用于温室的玻璃主要有三种：平板玻璃、钢化玻璃和红外线吸收（热吸收）玻璃。玻璃对可见光的透光率很高，近红外以及波长2500毫米以内的部分红外线透光率也很高。玻璃能阻止波长为4500毫米以上的长波红外线通过，这对保温有利。但300毫米以下波长紫外线基本不透过。优点：透光性能优异且透光保持率高；保温性能良好；由于对紫外线透过率很低，玻璃的耐老化性能好，使用寿命长；热胀冷缩系数低，结构系数可靠。缺点：玻璃密度大（2500千克/立方米），对温室基础、骨架要求严格，初始造价、维护成本、运行费用、折旧成本高；抗冲击性能低，易碎；保温性能差。

另外，还采用聚碳酸酯（PC）板作为覆盖材料，PC板是目前塑料应用中最先进的聚合物之一。优点：机械强度高，抗冲击韧性高；尺寸稳定性很好，耐热性较好，可在-60～120℃下长期使用。热变形温度大于310℃，可燃性规格属自熄性树脂，极性小，吸水率低，对光稳定，耐候性好；使用寿命长达10年；保温性能极高，其传热系数可降低到每平方米摄氏度1.6～2.2瓦，比玻璃温室节能30%～60%。主要有平板、浪板和多层中空板三种类型。平板厚0.7～1.2毫米；波纹形板覆盖的温室内光照比较均匀，平均透光率略有提高；双层或三层聚碳酸酯中空板厚3 ～ 16毫米。缺点：加工工艺要求比较高，价格较高；容易被氯烃类、碱类、氨类、酮类等制剂腐蚀。

（五）建园方式

日光温室设施栽培枣园为密植栽培，应选择树体易控制的矮化品种。密度一般为1.0米×2.0米或1.0米×1.5米，南北行向。

（六）枣园规划

地块选好以后，要对温室大棚的格局进行总体规划。

第一，确定日光温室大棚的走向。日光温室大棚一般采取东西延长建造，因为日光温室三面有墙，南面墙要朝向阳面，而必须要保障朝南方向，采光性能才比较好，保温效果也才更佳。

第二，确定日光温室大棚的长度。日光温室大棚长度一般以50米为宜，最长不要超过150米。如果建造得过长，日光温室大棚保温效果虽然不错，但是温室大棚建设成本会很高。跨度方面，日光温室大棚跨度8 ～ 12米最好。

第三，考虑温室与温室之间的间隔距离。温室与温室之间的间隔距离，基本要求做到相邻温室之间，不能相互遮光，因此在规划格局的过程中，要依据棚内高度和棚内宽度来确定相邻温室之间的间隔距离，相邻温室之间的间隔距离一般以前边这个温室的脊高为基数，温室与温室之间的间隔距离等于前边温室脊高的2.5 ～ 3倍。

1. 单栋温室规划

温室方位要求坐北朝南，东西延长，一般地区以朝南或南偏东50度为宜，高寒地区则以南偏西50 ～ 100度为宜。温室内部规格：长度50 ～ 100米，宽度7.0 ～ 8.0米。后墙与山墙占地宽度（含防寒土厚）：后墙宽为1.5 ～ 2.0米，山墙宽为1.0 ～ 1.5米。温室开门位置及作业间位置与占地面积：一般温室门开在某一头，作业间与温室门对应，稍靠后部。作业间大小根据条件和需要而定。树体至山墙、后墙距离：根据树种与作业条件而定，一般要求1.0 ～ 1.5米以上。

2. 连栋温室规划

前后两排温室间距：一般以冬至前后前排温室不对后排温室构成明显遮光为准，保证后排温室在日照最短的季节里每天有4小时以上的光照时间。就是从上午10时至下午2时，前排温室不对后排温室造成遮光。前后排温室距离的计算方法为：前后距离（米）=高度（米）×2+1.3。

田间道路规划：依据地块形状大小，确定温室长度和排列方式。一般东西两列温室间应留3.0 ～ 4.0米的作业道并可附设排灌沟渠。若在温室一侧修建工作间，再根据作业间宽度适当加大东西相邻两列温室的间距。东西向每隔3～4列温室设一条南北向交通干道，南北向每隔10排左右设一条东西向交通干道。干道宽5.0～8.0米，以便大型运输车辆通行。

温室群附属建筑物的位置：如水塔、锅炉房、仓库等应建在温室群的北面，以免遮光。

3. 施工划线

在规划好的场地内，首先要放线定位，先将预备好的线绳按规划好的方位拉紧，用石灰粉沿着线绳方向划出日光温室的长度，然后再确定日光温室的宽度，注意划线时日光温室的长与宽之间要成90度，划好线，夯实地面后开始建造墙体。

4. 日光温室墙体的建造

日光温室大棚墙体建造大约有两类，一类是土墙，另一类是空心砖墙。

（1）土墙　挖掘机就地取土压实、切齐南面及山墙里面，底部宽6.0米，顶部宽2.0米，切齐以后南面高度3.0～5.0米。土墙造价低廉、保温成效好，但是占地略多。

（2）空心砖墙　为了保障空心砖墙墙体的坚固性，建造时首先必要开沟砌墙基。挖宽约为1.0米的墙基，墙基深度一般应距原地面40～50厘米，然后填入10～15厘米厚的掺有石灰的二合土，并夯实。然后用红砖砌垒。当墙基砌到地面以上时，为了防止土壤水分沿着墙体上返，需在墙基上面铺上厚约0.1毫米的塑料薄膜。在塑料薄膜上部用空心砖砌墙时，要保障墙体总厚度为0.7～0.8米，即内、外侧均为24厘米的砖墙，中间夹土填实，墙身高度为25米，用空心砖砌完墙体后，外墙应用砂浆抹面找平，内墙用白灰砂浆抹面。

（3）建造后屋面　日光温室大棚的后屋面主要由后立柱、后横梁、檩条及上面铺制的保温材料四部分构成。

后立柱，主要起支撑后屋顶的作用，为保障后屋面坚固，后立柱一般可采用水泥预制件做成。为了保障后立柱的坚固性，可在小坑底部放一块砖头，然后将后立柱竖立在红砖上部，最后将小坑空隙部用土填埋，并用脚充分踩实压紧。后横梁置于后立柱顶端，呈东西延伸。

檩条的作用主要是将后立柱、横梁紧紧固定在一起，它可采用水泥预制件做成，其一端压在后横梁上，另一端压在后墙上。檩条固定好后，可在檩条上东西方向拉60～90根10～12#的冷拔铁丝，铁丝两端固定在温室山墙外侧的土中。铁丝固定好以后，可在全部后屋面上部铺一层塑料薄膜，然后再将保温材料铺在塑料薄膜上。

在我国北方大部分地区，后屋面多采用草苫保温材料覆盖，草苫覆盖好以后，可将塑料薄膜再盖一层，为了防止塑料薄膜被大风刮起，可用些细干土压在薄膜上面，后屋面的建造就完成了。新建设的日光温室大棚多使用大棚保温被进行后坡保温，保温效果更好。

以山西省高寒区枣树设施栽培为例，其主要温室类型为土墙结构日光温室和砖墙结构日光温室（图3-3）等。土墙结构日光温室长度70～90米，宽度9.0米，脊高3.5米；砖墙结构日光温室长度50米，宽度7.0米，脊高3.2米。

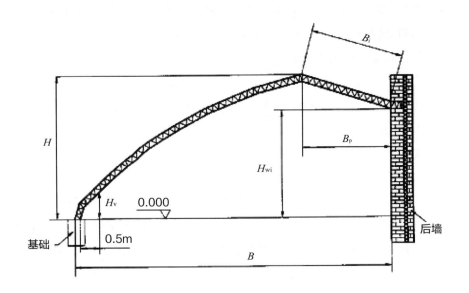

图3-3　砖墙结构日光温室剖面尺寸示意图

H—脊高；B_i—后坡长度；B—跨度；B_p—后坡投影长度；H_v—前柱高度；H_{wi}—后墙高度

第二节　设施内小气候及调控方式

设施栽培之所以能够实现反季节生产，从而获得理想的经济效益，主要是人为的设施为果树提供了特殊的小气候条件，在自然环境不能满足果树生长发育的情况下，设施可以为其提供适宜的生长发育条件。但是，这些条件不是自然就可以得到，它受外界复杂气候因子的影响，有时还会出现恶劣的损伤果树生长发育的状况，需要人工合理地调控。本节重点介绍人工对光照、温度、湿度及空气的调控。

一、光照调控

（一）减少遮阴面积

除减少骨架遮阴外，温室可采用梯田式栽培，后高前低，减少遮阴，增加光照面积；南部光照好，可以密植，北侧光差宜稀植；采用南北行栽植，加大行距，缩小株距或采用主副行栽培等可减少植株间遮阴。树体生长期适时搞好夏剪，通过疏密、拉枝及剪截等方法改善树冠光照条件，另外，树体过于高大郁闭不易控制时要适时间伐换苗，可以隔行换苗逐步更新，不影响产量。

（二）清洁透明棚面

经常擦扫透明棚面，减少污染，可以增强透光率；采用保温幕和"防寒裙"的设施，白天要及时揭开增加透光率；草苫、纸被等防寒物要早揭晚盖，尽量增加光照时间。为减少棚膜老化污染对透光率的影响，最好每年更新棚膜。

（三）增加反射光

在冬春弱光季节，利用张挂反光幕改善室内光照分布增加光照强度。阳光照到反光幕上以后。可以被反射到树体或地面上，靠反光幕南侧越近，增光越多，距反光幕越远，增光效果越差。反光幕反光的有效范围一般为距反光幕3.0米以内，地面增光9% ~ 40%，距地面0.6米高处增光率8% ~ 43%。不同季节太阳高度不同，反光幕增光效果不同。冬季太阳高度角低，反光幕上直射光照射时间长，增光效果好。但由于张挂反光幕，会减少墙体蓄热量，对缓解温室夜间降温不利，这是张挂反光幕的不利一面。因此，在果树温室升温后至大量展叶之前以保温为主时期，一般不张挂反光幕；在大量展叶后，树体生长发育旺盛，叶片光合作用对光要求较高，并且外界夜间气温较高时可张挂反光幕，改善光照条件。

（四）棚室补光

棚室光照不足是普遍存在的问题，进行补光能够增产是显而易见的。棚室内通常采用白炽灯（长波辐射）与白色日光灯（短波辐射）相结合进行补光。因为白炽灯光中可见光少，大部分能量都在红外线中，作为补光照明效率太低，所以设施补光应以日光灯为主。

（五）遮阴

果树设施栽培普遍存在着光照不足问题，遮阴是在室内高温难以控制时，以降温为目的进行短时间遮阴。用遮阴网或草帘遮阴，也可采用有色薄膜进行遮阴。扣膜后覆盖草苫遮阴。降低室温，创造适于果树休眠的低温环境，直到休眠结束开始升温为止。

二、温度调控

枣树不同品种、不同物候期对温度要求是不同的。如扣膜后至升温前的休眠期要求较低的温度以利于枣树休眠，升温后至开花前要求较高温度，而花期温度要求稍低等。棚室内温度控制要尽可能把温度调节到对枣树生长发育最为有利的条件下。

（一）降温

晴朗的白天，密闭棚室高温现象经常出现，超过果树生育适宜温度要求，需要进行降温。降温方法主要有以下几种。

1. 遮阴降温

主要在果树休眠期应用，扣膜后，马上覆盖草苫，室内得不到太阳辐射，创造较低温度环境，满足果树需冷量要求，及早解除休眠。在生长期出现高温，而其他方法降温有困难时，可短时间采用遮阴方法。由于遮阴削弱太阳光照强度，影响光合作用，不能长时间使用。

2. 通风换气降温

通过换气窗口排出室内热气换入冷空气降低室温。换气分自然换气和强制换气两种。目前绝大多数都采用自然换气。

3. 结合灌水降温

水的热容量比土壤大两倍，比空气大3000倍。以水的保热能力来说，是土壤中空气的25倍，因此，灌水不仅调节温度，也可改变土壤的热容量和保热性能。灌水的小气候效应非常明显，灌水后土壤色泽变暗，温度降低，能增加净辐射收入，且不易暴冷暴热；再者由于灌水后大部分的太阳能用在水分蒸发上，因而用于气流交换的能量就大大减少，从而，灌水后白天地温都较低而晚上温度偏高。

4. 喷雾降温

有人在500平方米的温室内做了一次喷雾试验，结果在白天太阳辐射强烈条件下，棚室内平均气温下降8℃，相对湿度提高50%以上，可见喷雾降温效果很明显。当然喷雾一般在短时间内进行，否则会造成不利于植物生育的小气候环境。

（二）保温

根据枣树各生育期对温度要求，室温偏低时应加强增温保湿。如寒冷季节，夜间保温除覆草苫外，增加纸被覆盖、双层草苫覆盖、搭脚草苫和撩草等，均能提高保温效果。此外采用地膜覆盖可以减少土壤水分蒸发，增加土壤蓄热量，有利保温。

三、湿度调控

设施内的湿度调节，必须根据果树各生育期对湿度的要求合理进行。湿度过低时，可用增加灌水、地面和树上喷水等方法将湿度提高。然而，棚内湿度过低现象很少，而高湿现象是普遍存在的。降低大棚内湿度最有效的办法是换气和覆地膜。

（一）换气

棚内湿度过大时，要及时通风换气，将湿气排出室外。换入外界干燥空气。但是必须正确处理保温和降湿之间的矛盾。因为，通风换气后，排到室外的空气，既是湿空气，也是热空气；而从棚外进来的空气，既是干空气，也是冷空气。换气的结果必然是湿度降低，温度也随之下降。棚内相对湿度的变化，不少情况下，正好与温度的变化相反。一般都是温度提高，湿度变小；温度降低时，湿度加大。棚内的湿度是早晨最高，下午2时最小，如果在早晨高湿时换气，棚内温度本来就很低，再通风换气造成降温，果树就要受害。所以换气要在上午9时前后棚内温度开始升高并且外界气温稍高时进行，换气量和换气时间都应严格掌握。

（二）地膜覆盖

棚内覆地膜，可使覆盖地面蒸发大大减少，从而达到保持土壤水分，降低空气湿度的目的。还可以减少灌水次数，保持土壤温度。地膜覆盖一般在大棚升温前后灌一次透水后进行，株、行间全部用地膜覆盖严密，接缝用土压好。

（三）灌水与喷雾

灌水既能增加土壤湿度，又能增加空气湿度，同时还能改变土壤的热容量和保热性能。灌水应根据枣树各时期的需水特点和土壤含水量情况综合考虑，为防止因灌水造成空气湿度过大，应选在晴朗白天的上午进行，并加大换气量排湿。灌水后及时中耕，既疏松了土壤，减少了土壤水分蒸发，降低空气湿度，又有利于增温保墒。目前大棚灌水方法还比较落后，多数还采用大水漫灌方法，不仅浪费水，而且造成土壤和空气湿度过大，地温降低，对枣树生长不利，科学的方法是采用滴灌和喷灌。滴灌的特点是连续地或间断地小定额供水，给根部创造一个良好的水分、养分和空气条件，棚内湿度很小，病害很少。喷灌是用动力将水喷洒到空中，充分雾化后成为小水滴，然后像下雨一样缓慢地落在树体及地面上，这对改善棚内的小气候作用很大，喷灌后土壤湿润，但室内湿度并不是很大，而且喷灌可以结合施用化肥、农药等一起进行。棚室内无风影响，喷雾均匀，喷灌后土壤不易板结，肥料很少流失，盐分不会上升，综合效果很好。当然，滴灌和喷灌机械需要材料投资和一定的技术要求。

当棚内空气湿度过低，土壤湿度又不宜过大时，可中午前后高温期进行喷雾，既能增加空气湿度，又能达到降温目的。还可在地面少量洒水或在通风处设置一定大小的自由水面等，都可以有效地增加空气湿度。

四、空气成分调控

（一）二氧化碳气体施用方法

施用二氧化碳，一般有直接施用法和间接施用法。间接施用法是增施有机肥料，不仅可以增加土壤营养，同时有机肥料分解时所产生的二氧化碳，可增加室内二氧化碳的含量。二氧化碳直接补给的方法如下。

1. 液态二氧化碳施用方法

将装在高压瓶内的液态二氧化碳放出成二氧化碳气体直接补充到室内，最适于需要一次放出大量二氧化碳的情况。容积40升钢瓶可装液态二氧化碳25千克，两罐气对每亩大棚来说，可使用25～30天，将装有液态二氧化碳的钢瓶放在棚室中间，在减压阀的出口装上内径8.0毫米，壁厚0.8～1.2毫米的聚氯乙烯塑料管，再将塑料管架到棚室拱架上，距棚室顶10～20厘米为宜，再在管路上每隔1.0～1.5米钻一直径0.8～1.2毫米的放气孔，气流经棚室顶反射到全室内均匀分布。

2. 固态二氧化碳（干冰）施用方法

将计算好用量的干冰，用报纸包好或放在水中设法使其慢慢气化，可在所需要地点产生二氧化碳。但要注意其气化时消耗周围的热量，会使温度降低，或在水中一次大量溶解时会造成危险。

3. 碳酸氢铵加硫酸生成二氧化碳施肥方法

反应所产生的二氧化碳作为气肥，硫酸铵可作为土壤肥料。为使每亩大棚二氧化碳达到1100立方厘米/立方米，需浓硫酸2.1千克，碳酸氢铵3.5千克。浓硫酸先用非金属容器加水稀释成5倍液，一次稀释3～5天用酸量。将稀释后的硫酸按每亩10个容器分装，放置高度1.2米左右。每天将一日用量的碳酸氢铵分10份放入稀硫酸的容器中，放入的速度不宜过快，全部放入以不低于15分钟为宜，10个容器可巡回放入。

二氧化碳施肥时期，每天日出后半小时开始，间断补充。光照强度不同，二氧化碳施用浓度应有差异，如晴天为1000立方厘米/立方米，阴天应为500立方厘米/立方米。当温室内二氧化碳浓度自然增多时，增施二氧化碳逐步减少，以防二氧化碳浓度过高造成植株老化或中毒。

（二）有毒气体控制

因棚室密闭，其有害气体发生后多在室内聚集，浓度很高，如不采取相应措施，则会造成人和树体受害。棚室中有害气体主要有以下几种。

1. 氨气

棚内施用尿素，尿素分解产生的氨气，如果超过5立方厘米/立方米，对植物就有危害作用。尿素施后第三天到第四天产生氨气最多，植物受害最重，其特征为先是叶片水浸状，接着变成褐色，最后枯死，尤其是叶缘部分，更易发生。施堆肥过多也易受氨害，因为有机质本身分解也会产生氢气。土壤中形成大量的氨后，进一步使土壤碱化，严重影响有益菌类硝酸菌的活动。

防治措施：氨肥施用量不宜过多，每亩最多不超过30千克，施用尿素后立即覆土，也可以与过磷酸钙等酸性肥料混用，并充分灌水，可抑制氨害的发生，氨味过重时应及时开窗换气。

2. 亚硝酸气

氨害的发生在施肥后一周内，如果在施肥后一个月左右受害，则多因为亚硝酸气（NO_2）所致。症状表现多是叶面，严重时除了叶脉以外，叶内部分全体漂白、枯死，这种气体可以通过气孔或水孔进入组织侵入细胞。因为施肥在温度适宜时，经2~3天发生氨气，氨气进一步分解产生NO_2，这种气体多在施肥后一个月左右产生。一般情况下，变成亚硝酸气后很快成为硝酸被植物所吸收，但若施肥过多，一时转变不成硝酸，亚硝酸气则在土壤中集积，植物就会受害。亚硝酸气体超过2微升/升时，植物就会表现受害症状。亚硝酸气的危害，较多发生于施用大量氮肥的沙质土壤中。国外报道，室内露水的pH，可以测亚硝酸气体的发生，这种气体未发生时，露水呈中性，发生后pH下降，其界限点依植物种类而不同。

防治措施：施肥种类要选择，如尽量避免在棚室中使用尿素，其他肥料也不要撒在土表，要同土壤混合或者施后覆土，肥料要分批分次施入，一次施肥不要过多。如果症状明显，危害严重，要很快开窗换气，同时每亩施用100千克左右的石灰，提高土壤pH，有防止亚硝酸气化的作用。

3. 亚硫酸气

棚室内亚硫酸气可能来自两个方面：一是棚室内加温的煤炉或热风炉使用含硫量高的煤炭的烟尘逸出。二是生产田周围工矿企业释放出来的烟尘携带。

防治措施：施用充分腐熟的有机肥和经常通风换气，温室加温时还应注意选择优质的燃料，且燃烧要完全，尽量不采用直接采暖火炉加温，炉子、烟道要抹严，做到不漏烟、不倒烟。一旦发生亚硫酸气积累和危害，要立即喷洒1000倍的小苏打水。

4. 一氧化碳（煤气）

热风炉、煤炉和临时加温设备的煤炭燃烧不充分时，容易发生煤气危害，不仅作物受害，有时也危及人的生命。

防治措施：棚室内的固定加温煤炉和热风炉要保证燃烧充分，特别是大雾天更需注意烟道通气流畅。

5. 乙烯和氯气

乙烯和氯气主要来源于聚氯乙烯棚膜，当棚室内温度超过30℃时，聚氯乙烯棚膜就会挥发乙烯和氯气，有的塑料营养钵有时也会释放不明的有毒物质。

防治措施：尽量选用安全可靠、耐低温、抗老化的专用大棚膜；要严格控制棚温在30℃以下；在棚室内避免存放陈旧棚膜和塑料制品，以防高温时挥发产生有害气体。如果发现棚室内果树出现乙烯或氯气危害，应立即更换棚膜。严冬时揭换膜时，可将新膜从外边覆盖上去，盖严后，再从里边逐步撤除有毒膜。若无法更换时，应在白天开启通风口，打开门窗，加大通风。

6. 邻苯二甲酸二异丁酯

以邻苯二甲酸二异丁酯作为增塑剂而生产的塑料棚膜或其他塑料产品，在棚室内遇到高温天气，二异丁酯便会不断释放出来，积累到一定程度，对果树产生危害。

防治措施：不要选择以邻苯二甲酸二异丁酯作为增塑剂生产的塑料棚膜；要避免棚室出现高温；要经常通风换气，以排出有害气体。

第三节　配套设备

截至2019年底，我国各类温室面积近2800万亩（不含中小棚），位居世界首位。其中，连栋温室近90万亩，日光温室850万亩，塑料大棚1800万亩，连栋温室占比逐年增加。随着科技的发展和栽培管理面积的增加，设施农业种植也采用了很多具有很高科技含量的设备，以减少人工，增加效率。温室配套设备是指直接参与温室设施功能贡献或供应温室植物生产的设置及备用器物。按照其在温室中的功用不同，可分为室内气候环境调控设备、给排水及水肥施灌设备、电气及自动控制设备、生产作业及温室维护机具、物料搬运及输送设备等。

当前设施农业装备的智能化发展迅速，特别是在许多基于互联网、大数据、云计算的技术运用上，我国设施农业装备智能化发展与其他国家基本处于同一起跑线上。高精度导航、机器视觉分析、AI深度学习、柔性机械臂等在工业制造领域常用的先进技术也都大量引入设施农业装备中，智能化装备在移栽、嫁接、打叶、授粉、收获等需要高精度操作的环节中逐渐承担重要角色。这些设备具有不同的功用，可以满足各种植物生长对温度、湿度、光照等需求，而且使农业种植省心省力，却又能达到高产高效的目的。

一、地面覆盖

地面覆盖是指用地膜、地布等紧贴在地面上进行覆盖的一种栽培方式，是现代农业生产中既简单又有效的增产措施之一。

（一）地面覆盖的作用

地面覆盖用于拱棚、温室内栽培，以提高地温和降低空气湿度。一般在秋、冬、春栽培中应用较多。

地面覆盖的作用主要有提高地温；保墒、减轻盐碱危害；改善土壤结构，促进养分转化；防除杂草，节省劳动力；改善近地面小气候条件；地面覆盖栽培可使果实表面清洁干净，减少施药次数，提高果实品质。

（二）覆盖物种类

1. 农用薄膜

农用薄膜的颜色有很多种，根据不同要求，选择适当颜色的地膜，可达到增产增收和改善果实品质的目的。

（1）无色透明膜。这是在生产上应用最普遍的聚乙烯透明薄膜。覆盖这种膜，土壤增温效果好，一般可使土壤耕层温度提高2～4℃。

（2）黑色膜。这种膜太阳光的透光率较小，热量不容易传给土壤，能显著地抑制杂草生长。

（3）银灰色膜。此种膜具有反射紫外线、驱避蚜虫的作用。对由蚜虫迁飞传染病毒有积极的防治作用，还有保持水土和除草的作用。

（4）黑白双面膜。此种膜一面是乳白色，另一面是黑色。盖膜时乳白色的一面向上，可以反射阳光降低膜温，黑色的一面向下，用来抑制杂草生长。

2. 园艺地布

园艺地布是一个统称，各地叫法不一样，是区别于地膜覆盖的果园中的一种覆盖材料。又称为防草布、无纺布、地面塑料编织带、无纺布塑料编织带双层布、反光布、毛毡等，材料也因不同种类选择而有差异。园艺地布广泛应用于农业生产，用于果蔬种植作用：防草、保温、防霜、防虫、防鸟以及透光、透气、透水；可以大面积地进行防草处理，绿色环保，价格低廉，使用方便。防草地布是新一代环保材料，具有防潮、透气、柔韧、质轻、不助燃、容易分解、无毒、无刺激性、色彩丰富、价格低廉、可循环再用等特点。该类型防草地布，在国外得到广泛应用，近几年，由于国内果园管理人工成本的增加及生态环保的要求，越来越多的新建果园都进行尝试使用，并取得了很好的效果。

各地果园不同，采取材质不同，覆盖方法也不一样，但总体要求是覆盖就要严实，上面不要覆盖土，两边压土。如在临沂选择使用年限较长的黑色无纺布加编织带的地布，设计最少应达到3年。为减少裁剪而造成施工时浪费和材料损失，应尽量采用标准幅宽的地布进行平面组合，由于是成龄园，需要两边铺设操作方便，选择幅宽6米。铺设长度根据果园面积大小确定，主要用来铺设葡萄园、大樱桃园、桃园、苹果园、猕猴桃园。

覆盖地布前先整理树两边的畦面，可形成中间高边缘稍低的凸形畦面，清理枯枝杂草等，打碎土块，拍实土壤，使畦面光洁。整理好畦面后开始铺设地布，4人同时进行，分成2组，分别在树的两侧畦面铺设，可提高铺设质量和加快铺设速度。先把地布一端铺埋在地头，用土压实，然后沿着树冠两侧畦面由2人同时操作沿行间拉直铺展，务必绷紧平铺在畦面上，同时2人覆土压实边沿，树两侧根颈两侧畦面的地布相互交接，有些需要用剪刀剪开一些，覆盖更紧密，然后用地钉将两块地布固定住。地布上尽量无土，以免滋生杂草。

二、温室气候环境调控设备

为满足温室内植物生长气候环境要求所提供的一切设置均为气候环境调控设备。植物生长气候环境主要包括温度、湿度和光照。目前，应用于温室气候环境调控的设备有机械式遮阳保温拉幕、机械式开窗通风设备、风机通风设备、湿帘降温装置、喷雾降温设备等，锅炉、管道和散热器或燃油、燃气热风炉等供暖设备，以及照明灯、补光灯等。以上设备的不同组合和使用构成了不同作用强度的气候环境调控系统。

（一）取暖系统

温室大棚保温大体上分为三种，被动保温、被动储热、主动加温。被动保温就是通过草帘、棉被、隔断等附属设施，减少温室内部热量的散失，达到保温的效果；被动储热，即通过后墙、集热水管等装置白天吸收热能，并将热能储存，夜间被动释放；主动加温即增加热源，通过向温室主动导入热量提高温度。

塑料温室大棚取暖设备主要应用在冬季11月末到第二年的3月份，取暖设备的应用既能减少棚内植物受冻的概率，又能提高经济效益。

1. 炉火加温

炉火加温是历史悠久、常用的传统加温方式。可采取固定炉灶，也可使用临时炉具加温。炉火加温开始主要用于温室，后来随着塑料大棚的发展，也逐渐应用到早春大棚的生产中。此法可分计划性加温和临时性加温两种。计划性加温是在建造日光温室时即在北墙设计炉灶，用煤作燃料，炉膛在外，通过瓦管或砖砌烟道将热量输入果树大棚内。临时性加温是因特殊天气在大棚内直接加温。在棚内加温时最好用木炭作燃料，以免煤烟对果树和人造成伤害。其优点是成本低，操作简单。缺点是污染较大，不安全。

2. 热水采暖加温系统

热水采暖加温系统由热水锅炉、供热管道、散热设备3个基本部分组成。其工作过程为：先用锅炉将水加热，然后用水泵加压，热水通过加热管道供给在温室内均匀安装的散热器，再通过散热器对室内空气进行加温。整个系统为循环系统，冷却后的水重新回到锅炉进行加热，进入下一次循环。热水采暖加温系统运行稳定可靠，是目前大型连栋温室最常用的采暖方式。其优点是温室内温度稳定、均匀，温室采暖系统发生紧急故障，临时停止供暖时，2小时内不会对植物造成大的影响。其缺点是系统设备复杂，造价高，一次性投资较大。系统中的锅炉和供热管道采用目前通用的工业和民建产品，散热器一般使用热浸镀锌钢制圆翼散热器，使用寿命长，散热面积大。

另外，热水采暖加温系统还有一种加温方式，即地中加热。设备与上述不同之处在于，无需安装散热器，而直接将热水管道埋设于地表土壤中，直接对土壤进行加热，然后通过辐射或传导对室内空气进行加热。采取地中加热的方式，可以直接加热植物生长的区域，同时土壤还具有较强的蓄热功能。因此，与散热器相比，地中加热更加节能。地中加热管道一般采用特殊的塑料管材，有时也用钢管。

3. 热风采暖加温系统

热风采暖加温系统由热源、空气换热器、风机、送风管道组成。其工作原理是，由热源提供的热量加热空气换热器，用风机强迫温室内的部分空气流过空气换热器，当空气被加热后进入温室内进行流动，如此不断循环，加热整个温室内的空气。热风采暖加温系统的热源多种多样，一般分为燃油、燃气、燃煤3种，也可以是电加热器。热源不同，加热系统的设备、安装方式也各不相同。

一般来说，电热方式换热器不会造成空气污染，可以安装在温室内部，直接与风机配合使用；燃油式加热装置、燃气式加热装置一般也安装在室内，但由于其燃烧后的气体含有大量对植物有害的成分，必须排放到室外；而燃煤热风炉体积往往较大，使用中也不易保持清洁，一般安装在温室外部。

热风系统的送气管道由开孔的聚乙烯薄膜或布制成，沿温室长度方向布置，开孔的间距和位置需计算确定。一般情况下，距热源越远处孔距越密。热风采暖加温系统的优点是，加温时温室内温度分布比较均匀，热惰性小，易于实现温度调节，且整个设备投资较少。缺点是运行费用较高。热风采暖在塑料温室中较为常见。

4. 电热采暖加温系统

电热采暖加温系统是利用电能直接对温室进行加温的一种方式。一般做法是将电热线埋在地下，通过电热线提高地温。电热采暖通常在没有常设加温设备的南方温室中采用较多，主要用于育苗温室，只适宜作短期使用。

总体上，温室大棚的热源不论是火炉、热风炉还是热水炉，从燃烧方式上分为燃油式、燃气式、燃煤式3种。其中，燃气式的设备最为简单，造价最低，但气源容易受到限制；燃油式的设备也比较简单，操作方便，可以实现较好的自动化控制，这种设备常用在一些小型的燃油锅炉和热风炉中，但燃油式设备运行费用比较高，要得到相同的热值要比燃煤的费用高3倍左右；燃煤式设备费用最高，因为占地面积大，土建费用也往往较高，但设备运行费用在3种设备中是最低的。采暖系统包括热水式、热风式2种。热水式的性能最为稳定，但价格高。热风式的性能一般，造价较低，运行费用高一些。一般来说，在北方地区，由于冬季加温时间长，采用燃煤热水锅炉较为可靠，但需要较高的一次性投资；南方地区加温时间短，热负荷低，采用热风采暖经济划算。

随着科学技术的快速发展和进步，人们的环境保护意识越来越强，除了传统的燃料、电力等加热设备，塑料温室大棚取暖设备在以后发展的过程中正朝着向可再生能源和环保能源的方向发展，在应用的过程中借助太阳能、风能资源的辅助，这样既能减轻温室生产过程中对环境的污染，又能提高植物的品质。

（二）通风系统

现代温室大棚的通风系统中包括自然风压通风和机械通风。对于自然风压通风系统来说，通风设备的安装主要是自动化的开窗设备的安装。其安装内容包括：减速电机的安装、传动轴及传动齿轮的安装。

对于机械通风来讲，根据不同温室大棚的实际情况安装内容会有一定的差异，文洛式温室大棚的通风系统主要包括风机和湿帘。

（1）风机的安装应按照设计的要求和温室大棚骨架上预留的位置用螺栓将风机固定在温室大棚骨架上，风机和温室大棚骨架的结合部位用橡胶条密封（图3-4）。

（2）湿帘系统（图3-5）的安装包括集水箱、给回水管路、湿帘等，整个安装过程有相当高的技术要求，每个组成部分必须按照各处的安装工艺严格操作。

（3）湿帘保护窗的安装也是文洛式温室大棚中保护窗的一种通用安装方法。

（4）风机与湿帘跨度大于80米必须采用环流风机。

机械式开窗通风设备与温室建筑物的窗口以及窗口的配置组成了自然通风系统，湿帘降温装置与风机在温室建筑物中不同布局组成了不同作用强度的湿帘降温系统。

图3-4　通风系统（示风机）

图3-5　湿帘系统（示湿帘）

（三）内保温系统

温室大棚内遮阳保温幕的安装与外遮阳的安装基本相同，需要注意的是，内遮阳保湿幕的密封方式，一般会采用不锈钢丝与铝型材搭接的方式来达到密封的效果。

（四）接露系统

由于现在的温室大棚骨架都为金属骨架，金属导热性能强，温室内湿度大，当高温、温湿空气遇到冰冷的金属架时便会形成冷凝水滴落。温室大棚接露系统主要应用于连栋温室大棚。其位置在温室大棚骨架水沟下侧，其作用为防止露滴下落，如直接滴落到植物上，植物会因此产生病害，影响植物的正常生长。

三、给排水及水肥施灌设备

给排水系统可以认为是大棚生长气候环境调控设备的另一类，它为满足植物生长营养需要而对植物进行营养供给和调控。目前，温室中应用较为普遍的有CO_2补充及施用设备、滴灌设备、固定式喷灌设备、行走式喷灌设备等。该类设备使用的目的是为满足植物生长的水、肥精确施用和管理。

（一）节水灌溉

常见的应用技术有三种，即喷灌技术、地下渗灌技术和滴灌技术。地下渗灌技术和滴灌技术的区别在于前者将管道全部或只将支管毛管和滴头（滴孔）埋于地表下30～40厘米的土壤中，这样可以不妨碍田间作业，减少水分蒸发，不易损坏，延长设备寿命。

1. 喷灌

喷灌主要是在枣树的行间或者枣树的上边，架设微喷头和铺设喷灌带，通过适时喷洒水雾，改善田间空气温湿度的小气候，从而提供树体水分，对于红枣的保花、保果的效果非常好。

微喷灌系统在新型设施大棚中的安装，主要是满足大棚内植物生长过程中的正常水分供应，其在实际实施过程中主要通过低压管道将水分送达到植株附近，并通过不同规格的喷头，将水喷向植物的枝叶部分或者根部。喷头所喷出的水分细小，属于灌水性能较好的一种灌溉方式，微喷灌系统的实际工作压力比较低，流量相对来说比较少，能够定时定量的根据不同植物的实际生长水分需求进行相应的水分喷灌，对于土壤内水分含量的提升有非常重要的促进作用，同时能够提升空气内的整体湿度水平，对于局部小气候的调整也有非常显著的效果。就现阶段新型设施大棚中微喷灌系统的应用情况来看，已经得到了广泛的推广，该系统主要包含水源、供水泵、过滤器、调控阀、施肥罐、施肥阀、微喷头以及输水管等，各个环节的设备均需要做好相应的设备安装以及检查，在实际微喷灌系统实施过程中管理人员需要随时对其喷灌状况进行了解，针对异常情况及时进行处理，以避免出现微喷灌系统循环不通畅的情况。

悬挂式自走喷灌机，专为温室喷灌设计。喷灌机在悬挂于温室顶部的轨道上运行，进行灌溉作业，以减少对温室其他作业的影响；同时喷灌机可从一组运行轨道轻松转移到另一组运行轨道，利用一台喷灌机可实现多跨度温室不同区域的灌溉，可大大降低设备投资。其供水方式主要有两种：垂管供水（端部供水）方式和平管（中间供水）供水方式。

行走式水肥药一体喷灌车，利用喷灌压力水驱动水涡轮旋转，经过变速装置驱动绞盘旋转并牵引喷水钢架自动移动和喷洒的灌溉机械，根据喷头的不同，通常分为喷枪型和钢架型两种。行走式喷灌车具有移动方便、操作简单、省工省时、节水效果好、喷洒均匀等优点，能够有效地提供所需的水分，提高植物产量。该喷灌车结构简单、自动化程度高、适应性强，其轮距和距地高度可根据植物的行距、高度等进行非限定性的调整和定制，在成片种植的密集地中也可轻松行走，最大限度地保护植物。可广泛用于设施和大田种植，可以轻松实现喷水、施肥和打药。

2. 滴灌

现有枣园内大面积使用滴灌技术，同时配合铺膜。滴灌带输水可以适时、适量地对枣树进行灌溉、施肥，达到提高单产、增效、增收的目标。据研究表明，在20～30厘米土层深度，近滴头区域土壤始终保持较高含水量，增加土壤有机物含量对于滴灌田间下提高水分效率有着非常积极的作用。而且即使在滴灌5天后土壤中的含水量仍保持在较高水平。对枣园实施滴灌节水技术，对于推动水资源可持续利用，提高枣树管理新技术的运用，增加收入都能起到积极作用。

（二）常见的施肥装置

文丘里施肥器：是方便实用、经济可靠的施肥装置，蓄肥桶无需密闭，自行采购塑料桶即可。适用于所有对肥料比例无严格要求的植物。最适合广大散户将传统浇灌系统改造成水肥一体化系统。

施肥罐：习惯固化的传统施肥装置，功能上类同于文丘里施肥器，但储存的肥液用完后都需要重新溶肥、开盖续加。施肥比例也不可调，且铁质的施肥罐容易锈蚀。

注肥泵：施肥比例精准可控，适用于所有对施肥比例要求严格的植物，稳定可靠，但一次性投入较大。

施肥机：集成化的控制设备，不仅可以对肥料比例等进行精准控制，可以编辑和执行灌溉程序，还可以结合气象站、传感器等实现智能化控制。适合于规模化、高标准的精准农业种植。

（三）人造雾系统

利用造雾系统在温室、大棚、苗圃内降温、加湿、施肥、防疫，主要应用于设施农业的大、中、小型温室大棚中。其原理是利用高压泵将水加压，经高压管路至高压喷嘴雾化，形成飘飞的雾滴，营造良好清新的空气，雾滴快速蒸发，从而达到增加空气湿度、降低环境温度和去除灰尘等多重功效。系统造价低，运行维护成本低，经济实用，可实现无人自动控制。与湿帘、风机等降温设备配合、交替使用效果极佳，在炎热的季节里营造一个空气清新、舒适、凉爽的温室，提高温室植物的产量。大棚种植喷雾加湿系统是节能环保产品。雾化降温系统由供水管、管连接件、雾化喷嘴、过滤网、软管接头等部件组成。具体作用包括以下几点。

① 降温、加湿：整体环境内降温均匀、速度快（直接将雾化在降温环境内）。

② 喷药、防疫：直接均匀布满整个场内（无死角），让每一种病虫害都能接触到药剂，同时以毒雾持续5～15分钟。全场熏蒸，将空气中的药剂持续吸入病虫体内，内外夹攻。人员不必立于现场，无危险性，比传统方式节约三分之一以上的药量。

③ 自动施肥：一种特色是以液态肥料施肥，肥料能均匀散布，使每棵花草树木，都能平均地借由叶、茎、根，直接快速吸收，加速成长。另一种特色是随季节变化，视植物成长情况，施以植物生长调节剂来促进生长、开花或追加一些微量元素。

④ 雾细：高压喷雾喷雾嘴每秒能产生50亿个雾滴，雾滴的直径仅为3～10微米，犹如山中云雾，在空气中迅速蒸发，形成水蒸气，加湿降温效果极佳。

⑤ 节能：雾化1千克水只需消耗6瓦电能，是传统电热加湿器的百分之一，是离心式或气水混合式加湿器的十分之一。

⑥ 可靠：高压喷雾加湿系统主机采用进口工业柱塞泵，可24小时长期连续运转，喷头及水雾分配器无动力易损部件，在高粉尘环境中也不损坏。

⑦ 卫生：高压喷雾加湿系统的水是密封非循环使用的，不会导致细菌的繁殖。

⑧ 喷雾量：喷雾量大且可自由组合。高压喷雾加湿系统泵站的输出流量为每小时100～1600千克，可进行无级调节，在流量范围内可任意配置雾头，还可以任意组合进行加湿精度的调整。

四、生产辅助设备

（一）生产作业、植保及温室维护机具

生产作业、植保及温室维护机具用于植物生长过程的日常管理和作业，并且维护温室的正常使用。该类设备的采用是以用现代技术和手段代替人工作业为目的，以提高生产效率、减轻劳动强度、改善劳动环境为宗旨。例如固定式栽培苗床、可移动式栽培苗床、土壤消毒及处理设备等均可归入该类设备。

耕作机顾名思义在实际大棚设施中主要是用于植物的耕作，其能够通过一次性的方式完成对于大棚内土地的整地以及耕地处理，能够同时完成多项农业工作，对于大棚内植物种植流程起到简化作用，提升整体的工作效率，且有利于植物种植时间的争取，尽早完成对于各类植物的育苗以及种植，常见的耕作机主要包含旋耕机、滚笼耙、松土机等，各类联合耕作机的实施，能够一次性完成对于土壤的处理，其中的弹齿耙、圆盘耙、滚笼耙、钉齿耙以及镇压器等各类零部件能够相互配合，一次性完成对于土地的翻耕以及平整，且经耕作机工作之后的土地符合植物种植之前的种床准备要求，驱动型碎土部件能够通过联合工作的方式对耕地中的土块进行打碎平整处理，能够将犁地和耙地的作业特点进行结合发展，将深层的土壤全部翻起打碎，在实际工作实施过程中，主要通过拖拉机进行牵引操作，对于拖拉机功率的利用率非常高。

电气及自动控制设备是温室实现植物生长环境自动或半自动调控的核心和神经中枢。由室外气象站，室内温、湿、光照、气体成分等传感器为主的数据采集器，电缆、电线组成的室内配线，控制电器、转换电器、保护电器、执行电器等组成的低压电器，以及用于数据处理和程序储存及执行的电子计算机或单板机组成。

（二）物料搬运及输送设备

物料搬运及输送设备用于物料在温室内外的传送。一般普通温室仅需配备手推车或人力（或动力）托板车等搬运设备。现代化温室可以使用辊筒输送机、物料转运车等设备。

辊筒输送机等输送设备，根据不同的生产温室类型和温室所属企业个体的不同经营属性，温室配套设备的需求不尽相同，配套设备的种类、类型、数量、安置、排列、作业弹性和空间配置等组成及关联，将对植物生产或温室管理系统的整体运作产生不同的影响。

物料转运车可以分为自动导航小车和轨道导向小车。轨道导向小车的优势在于设计成本低、技术难度小并且可以适用多种环境，虽然小车行驶路径受限于铺

设轨道，但是在温室内苗床转运车并不需要复杂运行路径，相反轨道决定的行进路径使得转运车的运行变得非常平稳，它可以将苗床、材料等运到指定位置。

五、水肥一体化系统

我国绝大多数大棚依然通过人工控制，简陋的农业大棚需要进行控温、通风、施肥、灌溉等日常管理，消耗大量人力物力，效率低下。因此，利用先进信息技术手段，设计智能、高效、安全、可靠的农业大棚尤为迫切。智能温度控制系统在新型设施大棚中的应用，主要通过对于大棚内环境的检测，了解棚内实时的环境状况，同时通过智能系统的实时控制，对于大棚内的温度以及湿度等环境进行调整，从而提供良好的种植生长环境。根据2020年中央一号文件，要依托现有资源建设农业农村大数据中心，加快物联网、大数据、人工智能和区块链等现代信息技术在农业领域的应用，由此可见，发展智慧农业已成为国家发展战略的重要组成部分。

（一）智能水肥一体化系统优点

智能水肥一体化系统可以帮助生产者方便快捷地实现自动的水肥一体化管理。系统可根据监测的土壤水分、植物种类的需肥规律，设置周期性水肥计划实施轮灌。施肥机会按照用户设定的配方、灌溉过程参数自动控制灌溉量、吸肥量、肥液浓度、酸碱度等水肥过程中的重要参数，实现对灌溉、施肥的定时、定量控制，充分提高水肥利用率，实现节水、节肥，改善土壤环境，提高植物品质。

这项技术的优点是灌溉施肥的肥效快，养分利用率提高。可以避免肥料施在较干的表土层易引起的挥发损失、溶解慢、最终肥效发挥慢的问题；尤其避免了铵态和尿素态氮肥施在地表挥发损失的问题，既节约氮肥又有利于环境保护。所以水肥一体化技术使肥料的利用率大幅度提高。据华南农业大学研究，灌溉施肥体系比常规施肥节省肥料50% ~ 70%；同时，大大降低了设施果园中因过量施肥而造成的水体污染问题。由于水肥一体化技术通过人为定量调控，满足植物在关键生育期的需要，杜绝了任何缺素症状，因而在生产上可达到植物产量和品质均良好的目标。

温室大棚远程监控系统，通过多个不同的传感器节点采集各大棚内的环境参数数据，并通过网络上传至上位机或手机，实现用户远程实时监测农业大棚环境信息，根据生长环境的需求，设置相应阈值，上位机或手机系统根据数据发出控制指令，控制各执行装置的启停，从而保证大棚内的环境在合适范围内，实现温度、湿度、光照、病害识别等信息的自动控制，更好地管理，实现增产增收的目的。但其监测系统具有布线复杂、搭建维护成本高、扩展性能差等不利因素。更先进的基于物联网的智能农业大棚监测系统，针对感知控制系统、云端数据库和移动端 APP 等设计，可以弥补传统农业大棚监测系统布线困难、使用不便等不足，具有扩展性好、组网方便、性价比高等优势，具有很高的实用价值。系统后期可增加大数据分析模型，建设智慧农业综合平台，添加更多种类的传感器和控制装置，应用推广到更广领域的智慧农业领域。

（二）智能水肥一体化系统构架

智能水肥一体化系统（图3-6）通常包括水源工程、首部枢纽、田间输配水管网系统和灌水器等几个部分，包含了系统云平台、墒情数据采集终端、视频监控、施肥机、过滤系统、阀门控制器、电磁阀、田间管路等。实际生产中由于供水条件和灌溉要求不同，施肥系统可能仅由部分设备组成。

智能水肥一体化系统具体组成包括以下几部分。

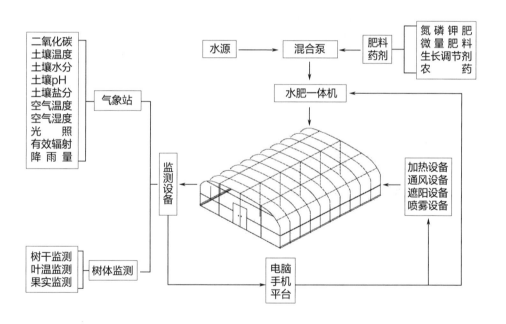

图3-6　智能水肥一体化系统架构示意图

1. 水源系统

江河、渠道、湖泊、井、水库等只要水质符合灌溉要求，均可作为灌溉的水源。为了充分利用各种水源进行灌溉，往往需要修建引水、蓄水和提水工程，以及相应的输配电工程，这些统称为水源系统。

2. 首部枢纽系统

首部枢纽系统主要包括水泵、过滤器、压力和流量监测设备、压力保护装置、施肥设备（水肥一体机，见图3-7）和自动化控制设备。首部枢纽担负着整个系统的驱动、检控和调控任务，是全系统的控制调度中心。整个系统可协调工作实施轮灌，充分提高灌溉用水效率。

图3-7　水肥一体机

3. 施肥系统

水肥一体化施肥系统原理由灌溉系统和肥料溶液混合系统两部分组成。灌溉系统主要由灌溉泵、稳压阀、控制器、过滤器、田间灌溉管网以及灌溉电磁阀构成。肥料溶液混合系统由控制器、肥料罐、施肥器、电磁阀、传感器以及混合罐、混合泵组成。

4. 输配水管网系统

输配水管网系统由干管、支管、毛管组成。干管一般采用PVC管材，支管一般采用PE管材或PVC管材，管径根据流量分级配置，毛管目前多选用内镶式滴灌带或边缝迷宫式滴灌带；首部及大口径阀门多采用铁件。干管或分干管的首端进水口设闸阀，支管和辅管进水口处设球阀。输配水管网的作用是将首部处理过的水，按照要求输送到灌水单元和灌水器，毛管是微灌系统的最末一级管道，在滴灌系统中，即为滴灌管，在微喷系统中，毛管上安装微喷头。

5. 无线阀门控制器

阀门控制器是接收由田间工作站传来的指令并实施指令的下端。阀门控制器直接与管网布置的电磁阀相连接，接收到田间工作站的指令后对电磁阀的开闭进行控制，同时也能够采集田间信息，并上传信息至田间工作站，各阀门控制器可控制多个电磁阀。电磁阀是控制田间灌溉的阀门，电磁阀由田间节水灌溉设计轮灌组的划分来确定安装位置及个数。

6. 灌水器系统

微灌灌水流量小，一次灌水延续时间较长，灌水周期短，需要的工作压力较低，能够较精确地控制灌水量，能把水和养分直接地输送到根部附近的土壤中去。

第四章
枣树设施栽培管理技术

第一节　矮密栽植

设施内一般采用矮化密植的方法，使枣树早实、丰产、优质并省工，最好是栽后第2年有产量，3年丰产并达到收支平衡，再保持多年稳产高产。树体小，好管理，生产效率高，土地利用率高，经济效益也高。山西省林业和草原科学研究院研究出的枣树密植、矮化、栽培技术，栽植当年挂果，2年丰产，3年后稳产高产。

一、栽植密度

从枣树生物学特征来看，是最适合于密植的树种。它具有边生长、边开花、边结果，而且花期长、花量大和结果母枝容易更新修剪的特点，是其他果树不能相比的。栽植密度应根据具体情况做到合理密植，如土壤水肥足、管理水平高、光照条件好、树冠矮小的品种宜密，反之宜稀。可根据不同生长年龄时期能充分利用空间、阳光、地力调整密度。如幼树到初果期是一个密度，而到盛果期是另一种相适应的密度。在最短时期内获得最大的高产和经济效益。

一般高密栽植，每年平茬密植园的株行距为（0.5 ～ 0.8）米×1.0米；不平茬密植园株行距为1.5米×2.5米。栽植植株在220 ～ 330株/亩之间，适宜平川地。超高密度，栽植植株在330 ～ 1000株/亩之间，适宜集约经营和大棚栽培。一般密度和中等密度栽植方式，应采用计划密植，即先密后稀。树冠扩大后根据具体情况分批移出和间伐，保留原计划植株。为了便于机械化操作，可设置成宽窄行。

二、栽植方法

多采用长方形栽植，行距大于株距，既可通风透光，又便于田间管理。植株配置可分为单行密株、双行密株（三角形栽植），南北行，以利光照。

穴状整地标准：长宽深为100厘米×100厘米×80厘米。表土与底土分放；土层浅和沙石多的山区丘陵地应进行土壤改良。每定植穴施腐熟有机肥50～100千克，每亩施有机肥5000～10000千克，回填表土、灌水，肥料施入须和土壤拌匀，以免烧坏根系，压实土壤。

解开嫁接口塑料绳，用生根粉浸泡苗木根系一天。枣树苗放入坑内填土，栽植深度比苗木原来的深度深1～2厘米，轻轻提苗，踏实土壤，埋土与原来深度一致。秋栽需埋土防寒。

三、授粉树配置

枣树的优良品种中，大多数品种能够自花授粉且正常结果。如'金丝小枣''无核枣''婆枣''长红枣''圆铃枣''灵宝大枣''灰枣''板枣''壶瓶枣''晋枣'等这些品种自花结实能力强，可以单一品种栽植，不必配置授粉树。但异花授粉可以显著地提高坐果率，对增加果实产量是相当有益的。因此，即使是自花授粉较好的品种在定植时最好也选两个以上品种进行混栽。这样便于提高果品产量。在枣树品种当中，也有少量的几个品种因花粉不发育或发育不健全，或者自花不孕等原因，单一栽植授粉不良，必须配置相宜的授粉品种。如山东'乐陵梨枣'雄蕊发育不良，无花粉，需其他品种授粉方能结果。浙江'义乌大枣'常配置'马枣'，河北'赞皇大枣'需配置斑枣才能正常结果，'赞皇大枣'及'南京枣'也需配置花粉发育良好的授粉品种。

研究表明'冬枣'虽有花粉但萌发率极低，虽然在枣园内不栽授粉树，'冬枣'也能坐果，但是栽种授粉树可以显著提高'冬枣'的坐果率，经人工授粉后'冬枣'坐果率较自然授粉能提高70%左右。目前在'冬枣'园内栽种大果形的'婆枣''梨枣'及'铃枣'等，对提高'冬枣'的坐果率，都有很好的效果。

对授粉树的要求是：要与主栽品种开花期一致并能产生大量发芽力强的花

粉，最好能相互授粉。田间栽植时，授粉品种与主栽品种可以行间配置，也可株间配置，主栽与授粉品种的比例一般为（5 ~ 10）：1。

第二节　整形修剪

合理的整形修剪可以使幼树早结果、早丰产，并形成合理健壮的树体结构，成龄树通过修剪可以延长盛果期年限，衰老树得到更新复壮，从而显著提高枣树栽培的经济效益。尤其在设施栽培下，一个封闭式的生态小环境内，枣树矮化密植，整形修剪就尤为重要。

枣树萌芽率高，而成枝率低，幼树结果早而枝条稀疏。因此要想早结果早丰产，幼树时期必须通过整形修剪尽快增加枝量。枣树生长和结果同时进行，花芽当年分化，有枝就有花，无明显大小年现象。修剪时不必考虑花芽留量和第二年的花芽形成和结果量。枣树对修剪反应不敏感，简单对枝条短截或回缩难于萌发新枣头，要使剪口下萌发理想枝条，必须采用两剪子修剪法，或者在希望发枝的主芽上方目伤或剥皮，刺激主芽萌发。枣树结果枝组稳定，连续结果能力很强。结果母枝可连续结果达10年以上，不必年年进行枝组更新修剪。同一枝段上的结果母枝同一年形成，修剪时能以同一年龄枝段为单位进行更新。隐芽较多且寿命长。修剪刺激后易萌发新枣头，更新复壮容易。

一、修剪时期和方法

由于枣树萌芽较迟，木质坚硬，伤口愈合能力差，冬剪应在寒冬过后的2 ~ 3月份，以防止伤口失水发生抽梢现象。冬季修剪主要措施有短截、疏枝等。夏季修剪以5月中旬至6月中旬为主，修剪方法主要有摘心、抹芽、疏梢等。

（一）短截

短截亦称短剪，即剪去一年生枝梢的一部分，短截有轻重之分，轻至剪除顶芽，重至只留枝条基部1 ~ 2个二次枝。短截的轻重，影响分枝的数量和质量。

对于枣树来说，只对枣头一次枝短截，即单截，剪口下一般不能萌发新枣头，只有在对枣头一次枝短截的同时，再对剪口下希望发枝部位的二次枝疏除或短截，才能促使主芽萌发新枣头，即"一剪子堵，两剪子促"，简称两剪子修剪法或双截。由此可见，枣树修剪容易掌握发枝部位，修剪量小，简单易行。

短截具有局部促进和整体抑制的双重作用。成年树短截会促进营养生长，增强树势，减少开花结果量；短截能增加枝量和枝梢密度；能缩短生长部位与根系的距离，利于营养运输和促进生长；可调节树体平衡；能控制树冠大小和树的高度。

（二）回缩

回缩也称缩剪，即在多年生枝上去掉一部分。缩剪用于冗长枝时，可调节枝条的长短布局，同时减少了枝芽量，使养分和水分供应比较集中，缩短了地上部与地下部的距离；用于衰老枝、下垂枝能促进下部潜伏芽的萌发，进行更新复壮；回缩也用于辅养枝、结果枝组的大小调节。要使剪口下萌发理想枣头，回缩也应采用两剪子修剪法。

（三）疏剪

疏剪又叫疏枝，是将一年生枝或多年生枝从基部去除。疏剪对伤口以上的枝条有明显的削弱作用，而对伤口以下的枝条，则有增强作用。通过疏剪去掉不结果或妨碍结果的冗枝、弱枝、交叉枝和病虫枝，而保留生长健壮的结果枝条，可集中营养，提高坐果率。还可通过去留不同强弱的枝条来调节树势。疏剪还能改善树冠内通风透光状况，增加结果面积，以及减少病虫害。

（四）缓放

缓放也称甩放或长放，即对一年生枝不加任何修剪，放任其生长。中庸枝、斜生枝、水平枝长放，由于生长势缓和，积累较多养分，能促进开花结果。背上直立枝长放，顶端优势强，易发生"树上长树"现象，因此不宜长放，如要长放，必须配合拉枝、环割、环剥等夏季修剪措施。

（五）抹芽、疏梢、除萌

抹除刚萌发的嫩芽，称为抹芽。芽已长成幼梢及时疏除，称疏梢。把干基砧木上的萌芽抹除，称为除萌。其作用是选优去劣、除密留疏、节约养分、改善光照、减少病虫害、提高留枝梢质量。在生长和结果发生矛盾时，抹芽、疏梢还可以防止因生长过旺而引起的大量落果。

（六）摘心和剪梢

摘心是指摘除枣头新梢上幼嫩的梢尖，剪梢是把新梢上部成龄叶和梢尖一同剪去。枣头一次枝摘心称摘顶心，二次枝摘心称摘边心。不同时期摘心和修剪有不同的作用，在新梢旺盛生长期摘顶心，可削弱顶端优势，促进二次枝生长，形成健壮结果枝组；新梢缓慢生长期摘顶心，可促进枝条的木质化，充实芽体，有利安全越冬；花期摘顶心或边心能提高坐果率。

（七）曲枝、撑枝和拉枝

曲枝是通过别、压、弯等方法，迫使直立生长的枝条趋于水平、下垂或斜生。其作用是改变枝条生长方向和角度，从而改变枝条内部养分和激素的分配，促进发枝，缓和枝势，有利于开花结果。幼树生长过旺，用此法可抑制徒长，提早结果。撑枝和拉枝是分别用木棍或绳子将枝条撑开或拉开。其作用是加大开张角度、改善光照、缓和树势或平衡树势、引枝补空，多用于幼树骨干枝的培养或辅养枝的处理。

（八）伤枝

凡使枝条的输导组织受损的各种方法都属伤枝。如环剥、环割、开抽屉、目伤、扭梢、折梢、拿枝等。环剥是在枝条适当位置去掉一圈皮层，环剥宽度一般为枝条直径的1/10～1/8。环割则是用快刀横向切断皮层的一部分或全部，深达木质部，即为半环割和全环割。目伤是在主芽下或主芽上0.5厘米左右处横割两刀至木质部，两刀间距0.3厘米左右。于芽下部目伤，抑制芽生长，于芽上部目伤并剪去二次枝，可促进芽生长。在主芽上方0.5～1.0厘米处根据枝条粗度，剥取宽0.3～0.7厘米、长1.0～2.0厘米的韧皮部，人们称为"开抽屉"，可强烈刺激主芽萌生枣头。开抽屉发枝率比目伤法高，新梢生长健壮，但树体损伤较大，一般用于主干和较粗枝条，应用时要加强肥水管理。扭梢、折梢是将旺梢自基部至顶部顺序轻轻弯曲，使其响而不折，一般伤及木质部而不伤皮。

由于伤枝是抑制性措施，多用于生长过旺和临时性的植株和枝条。它可以阻滞养分和水分的运转，抑制枝梢的徒长，促进花芽分化，提高坐果率和促进果实生长。

（九）根系修剪

根据地上部分和地下部分相互平衡和制约的关系，通过根系修剪可以控制地上部的生长，如矮化密植栽培，苗木移栽时，通常切断或弯曲主根，控制主干生长，使树体矮化，密植栽培。植株生长过旺，多年不结果，可采用切断部分根系的方法，抑制其营养生长。

二、树体整形

枣树设施栽培适宜的树形有小冠疏层形、圆柱形、开心形等。

（一）小冠疏层形

小冠疏层形（图4-1）树形冠形小而紧凑，成形快，光照好；主枝少，负载重量大，易丰产；修剪方法简单，地下管理方便；适宜于高度密植枣园。树高2.0～2.5米。主干高约40厘米，全树有6～7个主枝，分三层着生在中心干上。第一层主枝3个，基角70度左右，长度0.8～1.0米，向四周生长。第二层主枝2个，距第一层主枝约80厘米，基角80度左右，主枝长度0.5～0.8米。第三层主枝1～2个，距第二层约60厘米，主枝长度约50厘米，向两侧方向生长。三层主枝之间不能互相重叠，在主枝上培养侧枝，即大型枝组或中小型枝组，每个枝组长30～80厘米，长短参差排列，以便充分利用阳光。

整形过程：在距地面30～35厘米处，选留3～4个长势均匀、角度适宜（基角45～60度），方位好，层内距在10～20厘米处的1～3年生枝培养第一层主枝，主枝长1米左右；距第一层主枝上70～80厘米处选留1～2个枝条做第二层主枝，长度小于第一层主枝。二层主枝上直接培养大、中、小结果枝组。第一层以大型枝组为主，第二层以中型枝组为主。枝组相互交错，通风透光。树高达2.5米左右时，顶部及时回缩，增加下部养分积累。

图4-1 小冠疏层形

此外，有的密植枣园采用的纺锤形和延迟开心形等，整形方法与上述树形相仿。整形要求并不是一成不变的，要因地因树制宜，灵活运用，只要骨干枝和结果枝组分布均匀合理，生长势均衡，通风透光良好，能高产、稳产、优质的树形就是好树形。

（二）圆柱形

圆柱形（图4-2）主干直立，结果枝组直接着生于中心干上，全树有枝组8～12个。结果枝组下强上弱，呈水平状均匀分布在中心干周围。该树形生长势强，通风透光好；成形快，修剪方法简单，枝组布局合理；树体小，产量高，地下管理方便，适于亩栽330株以上枣园采用。树体没有明显主枝，结果枝组直接着生在中心干上；树冠成形后即落头；结果枝组有一定的从属关系，下面枝组强而粗壮，往上依次减弱；全树有枝组12～15个，树高1.8～2.0米。

图4-2　圆柱形

其整形过程为：定植后在距地面35～40厘米处定干。定干当年生长旺盛时，夏季在新梢30厘米处摘心；长势弱时，当年不摘心也不冬剪。摘心的植株冬剪时去掉剪口下1～2个二次枝。第二年夏天所有新梢留50～80厘米摘心，中心干留40～50厘米摘心，冬剪时去掉1～3个二次枝，其余已摘心的新梢不进行冬剪。对于未达到摘心要求的新梢，作小型枝组时剪去顶芽，作大型枝组时冬季不修剪，翌年夏季按需要长度摘心。如此反复，直到完成整形为止，一般需要5～6年。整形时如果发不出理想的新枣头，也可以采用上述目伤或开抽屉的方法刺激主芽萌发新枣头。

圆柱形树体矮小，无大型骨干枝，结构简单，幼树结果早，早期产量高。

（三）开心形

开心形（图4-3）无中心干，主干高40～60厘米，树高1.8米左右，全树3～4个主枝，均以45度角向四周展开，幼树时直立，随年龄增大，结果增多渐开张。每主枝着生3～4个侧枝，在侧枝上配备多个大中小交错排列的结果枝组。

图4-3　开心形

其整形过程为：定植后，在60 ~ 80厘米处双截定干，当年生长旺盛的植株，在新梢达40厘米时夏季摘心，冬剪时去掉第一个二次枝，第二年夏天新梢达40 ~ 50厘米时再次摘心，冬剪时顶端第一个二次枝保留，第2 ~ 4个二次枝留一节短截或疏除。中心干较粗的，一年即可培养出3个主枝，若培养不出足够的主枝，可将中心干顶端第一个二次枝去掉，抽出新梢后在40厘米处摘心，冬剪时采用上述方法继续培养主枝，一般情况下，经两次处理，即可培养出足够的主枝。

以后的培养方法同于主干疏层形。开心形结构简单，成形快，光照条件好，丰产性好。

三、不同年龄时期枣树修剪方法

（一）幼树修剪

幼树宜采用先结果后整形，促进早期丰产。修剪时期要冬夏结合，以夏为主。修剪技术以轻剪为主，才能使幼树枝条抽生齐、密、匀、壮，成形快，结果早。

1. 以轻为主，促控结合，多留枝

定植后的1 ~ 3年以长树为主的时期。修剪目的是迅速扩大树冠，增加枝叶量和光合面积。留壮枝为主要前提。枝多、叶片多，在此基础上，采用成花坐果措施，效果极为显著。幼树增枝主要技术措施为："一拉、二刻、三扶、四短截、五回缩"。

一拉：定植当年或第二年不进行定干。萌芽前（4月下旬）将植株顺宽行间弯斜，用绳拉成近于水平状与地面成45 ~ 60度角，以减缓主干顶端生长优势，增强中下部养分积累。

二刻：拉枝后在主干背上每隔40厘米左右，选一方位适宜、芽体饱满的二次枝进行留桩短截，然后在芽上方1厘米处刻伤，深度达木质部，促使了伤口下主芽萌动抽生枣头，增加枝叶量。

三扶：定植的第2、3年，为了充分利用空间，扩大结果面积，在萌芽前将第1年拉平后的永久性植株主干立杆扶直，增强树势。

四短截：对于主干上空间大、枝量少的部位，可将二次枝留桩1厘米短截，促其主芽萌发，增加结果基枝。

五回缩：即回缩控制树冠。对树冠发育生长超过要求时（一般树高不超过行

距），顶端回缩，控制树体向外围发展，增强中下部生长优势，减少无效消耗，有空间利用的可留2～3个二次枝回缩，培养成小枝组结果。

对树冠内所萌发的枣头，一般情况下不进行疏枝，树体发育明显健壮，枝叶量迅速增多，产量上升很快。

2. 综合运用修剪技术，控制徒长，促花促果

幼树整形后，树冠迅速扩大，为促进早花早果，必须采取以下措施。

（1）抹芽：幼树整形修剪，当采取短截回缩等冬季修剪措施后，在树冠的各个部位都会萌发出不少新芽，特别是二次枝上抽生许多新芽，如不及时除去，不仅消耗养分，而且影响树形使冬剪前功尽弃。凡不做延长枝及结果枝组培养的，都应从基部抹掉。抹芽宜早不宜晚，以免消耗养分。山西中部5月至6月、南部4月至5月为萌芽集中期，从萌芽期开始，应连续多次抹芽，每出一批，及时抹掉一批，一般3～5次。

（2）摘心：对枣头一次枝、二次枝的先端摘去一部分叫摘心。6月上旬，对留做结果枝组培养的枣头，当出现5～7个二次枝时，对枣头顶端1节进行摘除。当二次枝有8～10个节位时，也要对末端1～2节摘除。枝条较少时，对于部分不做结果枝培养也无保留价值的枣头，可做一次性利用，就是当出现2～3个二次枝时，对其摘心，可以促使二次枝上枣股生长粗壮，枣吊开花结果，冬剪时，再从基部疏除。

（3）揉枝：对当年抽生的枣头在木质化以前，用手托住慢慢折揉，既可改变方向，也可抑制营养生长。揉枝要轻，幅度不要太大，以免折断枝条。

（4）环割：适用于立地条件好、树势强健、生长过旺的树体、枝条，一般在盛花期进行。在树干、枝条基部，用刀或环切剪将树皮环割1道，深达木质部，每道环割宽度一般为1～3毫米，以枝干粗细而定，枝干细则窄，枝干粗则宽。

3. 合理开张幼树骨干枝角度

枣树整形修剪，在对主枝进行培养时，开张角度是重要技术措施之一。开张角度可以改善枣树树冠通风透光条件，也可以调整树势、枝势，解决营养生长与结果的矛盾，使幼树尽快进入结果期。具体做法如下。

（1）撑枝：在冬季修剪中进行，利用剪下的枝条做支棍，把主枝撑开到60～70度，撑枝适用于木质化的枝条。

（2）拉枝、坠枝：一般在5月中、下旬对夹角小、直立生长的枝条进行拉枝或坠枝。拉开角度60～70度。拉枝适宜于半木质化的枝条，操作中要注意以下

几点：不能硬拉或坠枝沙袋过重，防止枝条折断；拉枝宜早不宜晚，要趁枝条尚未完全木质化时进行；着力点应在枝条中部以下，基部易劈裂，上部易拉成弓形，都应避免；停拉时间不能过早，最少应隔一个生长季节，以保证拉枝效果。

（3）里芽外蹬及背后枝换头：对直立性较强的品种，如'骏枣''壶瓶枣''屯屯枣'来说，也是开张骨干枝角度的重要措施。

里芽外蹬：就是对主枝延长枝进行培养时，紧挨剪刀口选留1～2个内向芽，并疏除剪口下2～3个二次枝。休眠期修剪时，剪掉第一个向上直立生长的枝，留侧方斜生的枝做主枝延长进行培养。

背后枝换头：为开张骨干枝角度，在修剪中采取轻剪缓放，进入结果期后，把向上生长的主枝延长枝在后部有斜生枝的地方进行缩剪，使背后枝成为主枝延长头。

4. 控制中心干的过强过弱生长

枣树顶端优势强，容易造成中心干过强，形成树冠上强下弱，主要表现在中心干的粗度明显大于基部主枝的粗度，向上生长过快，而主枝延长生长受到抑制。控制办法主要有：对直立生长较强的品种，基部多留主枝或当年促生分枝；在第一层主枝的上方，对中心干环割；对树冠中、上部少留辅养枝；对中心干落头，改造成开心形树形。相反，由于基部主枝密挤，生长过旺，形成卡脖子现象，就会造成中心干生长过弱，使树冠下强上弱。控制的办法主要有：对生长2～3年已产生分枝和立地条件较差的植株基部可少留主枝，并尽可能采用隔年留主枝或螺旋形留枝，减少分枝级次；疏除基部部分主枝，并开张主枝角度；基部主枝环切；主干及上中部主枝重截回缩复壮。

5. 及时处理竞争枝

在培养枣树各级骨干枝延长时，在延长部位常出现两个并生的延长枝处于竞争状态，容易出现主次不明，扰乱树形，此时应对竞争枝在基部重回缩或彻底疏除竞争枝。原延长头角度不当，可疏除，用竞争枝换头。在不扰乱树形或影响其他枝条生长结果的前提下，及时对其中之一进行夏剪，用其增加产量。

6. 结果枝组的培养

枣树与其他果树不同，结果枝组是由枣头、二次枝（结果基枝）、枣股（结果母枝）、枣吊（结果枝）所组成。枣树结果枝组结构简单，一个结果枝组实际上就是一个独立的枣头。其培养一般与主枝延长枝的培养同步进行。根据枣树"三稀三密"的修剪原则，在主枝延长枝的疏截、摘心、环割、刻伤中一并进行选留培养。枝组要做到多而不挤，上下左右枝枝见光。

（二）盛果期树修剪

1. 生长特点和修剪要求

进入盛果期后，树冠基本成形，树体和产量都达到最大，由于大量结果，树姿变得开张，枝条下垂，生长势逐渐减缓，结果枝组不断衰老和更新。修剪目的主要是保持树冠通风透光的结构，使枝叶密度适当，并有计划地进行结果枝组的更新复壮，长期保持壮龄枝组，做到树老枝不老。

丰产树形的指标为，外围枣头年生长量保持在0.3米左右，叶幕厚度1.0米左右，行间树冠之间保持1米左右的通风带，株间枝条可交接0.1米左右；树冠投影中光斑分布均匀，面积占投影面积的20%左右；每公顷留有效枣股18万～22万个，果吊比为0.7～1.3（根据果形大小决定，果形越大，果吊比越小）。果吊比是指平均每个枣吊上着生枣果的个数。

2. 修剪技术措施

（1）清除改造徒长树　进入结果期的枣树，树冠向外扩展的势头逐渐减慢。在树冠主枝后部的弓背部分，常萌发出向上直立生长的徒长性发育枝，这类枝条，一般具有明显的顶端优势，所以生长很快，如果不及时控制或疏除，会使主、侧枝前端部分衰弱甚至死亡，还会造成树膛内部郁闭。因此，对这些徒长枝要及早清除，或根据空间大小，保留一部分进行短截处理，摘心或重截，培养成大（7～9个二次枝）、中（4～6个二次枝）、小（2～3个二次枝）型结果枝组。

（2）回缩　树冠高度超过整形要求，需及早对主干回缩。树冠之间出现交叉碰头时，对各主枝、结果枝组实行回缩，使株与株、行与行之间留有一定的发育空间和作业道。进入结果期后，树冠中、下部的主枝和侧枝延长头会出现下垂现象，这在放任生长的枣园中比较普遍，对于这些枝都要进行回缩修剪。短截回缩修剪时，先要选好位置，一般在枝条下垂弯曲部分的后部。具体是：选择朝上或平生的枝段、剪口内有数个上侧芽处；回缩到后部有分枝处。

（3）疏剪过密枝和细弱枝　对树冠内膛，各层次枝组间出现生长直立、交叉、重叠、枯死的枣头或二次枝，如不做更新、枝利用，影响通风透光时应一律从基部疏除或回缩，打开光路，及时培养，及时更新。处理方法主要是疏剪朝下生长、结果能力低的枣头和交叉、重叠、密生枝，对树冠外围萌生的细弱枝适当疏截。

（4）剪除机械损伤和病虫枯死枝　由于风折或其他原因，引起枝干外伤，往往刺激伤枝后部萌生出许多枝条，处理这类枝条可根据空间大小进行更新修剪，将损伤枝由伤口以内锯除，对后部萌生的枝条，选着生位置好、生长健壮的延长枝进行培养。若无空间，可将伤枝从基部锯除。病虫害枝，一般从被害部位以下锯除。

（5）调整改造骨干枝　未整形或整形修剪方法不当的枣树，树冠骨干枝过多，枝系主从不明，树形紊乱，严重影响结果。这类树应进行适当的骨干枝改造和树形调整，骨干枝调整可分数年分批进行，逐年疏除或短截密挤、重叠、交错和瘦弱、结果能力差的骨干枝，在空缺处培养一些更新枝，使紊乱的树形变得主枝成层分明、侧枝错落有序，结果枝组分布均匀。

（三）衰老期树修剪

进入衰老期后，枣树开始出现向心生长，骨干枝从先端开始枯死，新生枣头少而细弱，结果枝组大部分衰亡，枣股抽生枣吊的能力差，坐果率极低。直至骨干枝先后完全枯死，树冠残缺不全，最后死亡。对于进入衰老期的枣树，要充分利用枣树潜伏芽寿命长、再生能力强的特点，应结合肥水管理及时进行更新复壮，可极大地延长结果年限。

1. 回缩大枝

回缩的轻重应根据树种的衰老程度来决定。对于衰老程度较轻，只是大部分结果枝组衰弱的树，冬剪时可以只回缩结果枝组长度的1/3～1/2，二次枝少的结果枝组也可以从基部疏除，或保留2～3个枣股，促发新枣头，培养新枝组。对衰老程度较重、结果枝组大部分衰亡、骨干枝先端开始干枯的树，应对骨干枝按主、侧枝层次，回缩其全长的1/3～1/2，但剪、锯口直径不宜超过5厘米，否则不易愈合，剪口应距其下第一个枝条或隐芽5厘米。因枣树修剪反应不敏感，回缩大枝应一次完成，不可分批轮换进行，不然发枝少、长势弱，甚至发不出新枣头，不能很快形成新树冠。

2. 调整培养新枣头

大枝回缩更新后，从剪、锯口下会萌发出大量的新枣头，如果不加强管理，新生枝条多而细弱，并成丛状树冠，很少结果，对此要进行有计划的疏间。当萌发的枣头长至5～10厘米长时，选留方向好、长势壮者2～3个作为骨干枝延长枝或结果枝组培养，其余疏除，骨干枝上其他部位萌生的新枣头，根据空间大小进行选留，一般间距应在30厘米左右，所留枣头于夏季根据培养目标进行摘心，以后逐渐培养成结果枝组。

经过这样的更新修剪，一般3～5年内就可大幅度增产。有开甲习惯的地区在老树更新阶段应停止开甲。

（四）夏季修剪

一般情况下，枣树每年都产生一定数量的新枣头。经过冬剪后的枣树，新枣头发生数量很多。如果对这些新枣头不加修剪，任其自然生长，不但会大量消耗树体营养，也会恶化树冠的光照状况，影响坐果和产量。所以夏季修剪尤为重要。枣树夏季修剪的目的在于调节营养，避免无用的消耗，改善树冠通风透光条件，减少落花落果，增加坐果量，促进果实发育，提高果实产量和品质。

夏季修剪内容包括疏枝、摘心、调整枝位、抹芽、缓放和刨根蘖等。

1. 疏枝

夏剪疏枝指将当年萌生的无利用价值的新枣头及时疏除，包括枣股萌生的新枣头，结果枝组基部萌生的徒长枝以及树冠内的密挤、交叉、重叠枝等，应在枝条木质化前及时疏除。此项措施可改善树冠内的光照状况，减少营养消耗，增加坐果量。

2. 摘心

摘心俗称"打枣尖"。枣头萌发以后，当年生长很快，有一部分虽能结果，但成熟晚，皮色浅，质量差，人称"黄皮枣"。为此，可于枣树盛果期将不做主、侧枝延长枝和大型结果枝组用的枣头摘心。枣头摘心可以提高坐果率，增加二次枝长度，提高产量和质量。摘心程度可依枣头生长强弱及其所用空间大小而定，一般是弱枝轻摘心，强旺枝重摘心，空间大时可轻摘心，留5～7个二次枝，空间小时可重摘心，留3～4个二次枝。

3. 调整枝位

调整枝位即将可供利用的内膛枝、徒长枝拉向树冠缺枝部位，培养成结果枝组，以充实空间，增加结果部位。对整形期间的幼树，可用木棍支撑或用铅丝、绳子拉开角度，使第一层主枝开张角保持50度左右。

4. 抹芽

枣树生长期间，各级枝上萌发的无用芽及嫩枝应及时抹掉，以减少养分消耗，利于树体发育和结果。抹芽在1年内应进行多次。

5. 缓放

缓放指对留作主枝及侧枝的延长枝和结果枝组的当年枣头不做处理，使之继续延长生长、扩大树冠。

6. 刨根蘖

枣树发生根蘖能力很强。根蘖发生期也正值枣树开花期，如果不及时刨除，会消耗母树大量营养而不利开花坐果和维持健壮树势。故应及早刨除。

第三节　环境调控

一、温湿度调控

（一）萌芽前期管理

一般塑料大棚和温室棚体于1月份进行扣棚升温，扣棚后的棚内温湿度调控主要通过通风口的开合、覆盖物的升降、水分的灌溉来控制，枣棚开始升温后，进行不同的控温策略。催芽期为扣棚后到萌芽之前，在这个时期主要任务是增温催芽，利用保温材料以及增温设施使地温尽快上升，白天维持在15 ~ 19℃，夜间也要控制在4 ~ 8℃以上，使棚内日均温度达到10 ~ 12℃，同时空气相对湿度控制在70%左右。

（二）萌芽期管理

萌芽至开花前这一阶段，湿度要求有所提升，日均温度控制在14 ~ 17℃，温室内白天温度控制在20 ~ 24℃，夜间温度控制在8 ~ 12℃，此时空气相对湿度维持在75% ~ 80%。

（三）花期管理

枣是喜温树种，一般枣花在日平均温度达到20℃的条件下才能开放。温室栽培鲜食枣，花期白天温度控制在22 ~ 30℃，夜间温度要控制在15 ~ 20℃。温度过高过低会有影响，一方面影响花序和花器官的正常分化发育，导致畸形花数量的大大增加，另一方面会导致花粉活性降低，柱头活性降低，进而导致授粉受精失败，坐果率低下。白天要适时打开风口，科学控制放风时间，夜间可以利用覆盖棉被和草苫的方法进行保温，具体要根据当地具体条件和气候来进行。

相较露地栽培而言，设施栽培鲜食枣空气相对湿度能进行人为调控，从而为枣花正常的授粉受精创造有利条件，进而大大提高坐果率，枣花正常的授粉受精所需的空气相对湿度在70% ~ 85%，如果空气相对湿度过低，就会造成花粉粒不萌发，花粉活性下降，柱头干燥，导致授粉受精不良；如果空气相对湿度过高，不仅导致花粉存活时间变短，影响授粉受精，还会导致病害的多发，在花期对棚内的空气相对湿度要注意观察，当空气相对湿度高于85%时，要进行科学的通风，从而降低温室内的空气相对湿度，当温室内的空气相对湿度较长时间低于60%时，可以通过喷水、喷雾等方法提高温室内的空气相对湿度。

（四）幼果期管理

在坐果期，温度进一步提升，日均温度控制在21 ~ 22℃，白天25 ~ 30℃，夜间15 ~ 18℃为宜，空气相对湿度控制在70% ~ 80%。

（五）膨大期管理

枣果进入果实膨大期，仍有大量枣花还在开放，伴随着大量坐果，枣吊的生长逐渐停止，这时大量的养分向枣果集中供应，这一阶段的管理目标主要是两个方面，一方面是尽可能保住已经坐住的幼果，并促使其快速膨胀，虽然枣树有生理落果的习性，但只要进行科学管理，会大大提高坐果的数量。另一方面兼顾到枣花的授粉受精，促使后续多坐果。枣果膨大期白天适宜的温度为25 ~ 32℃，夜间适宜的温度为15 ~ 20℃，温度的调控主要通过开关放风口的方法来进行调节，当夜间温室温度稳定在15℃以上时，可以逐渐撤掉棉被和草帘。并在白天开启底角放风口，当夜间温室温度稳定在18℃以上时，就可以逐渐过渡到昼夜通风。另在这个阶段多关注天气预报，一旦有阴雨天要及时关闭顶风口，从而防止枣锈病等病菌随雨水传播，降低枣锈病等病害的发生概率。

至于温室内的空气相对湿度控制在75%。一旦空气相对湿度过大，就要进行通风，从而降低空气相对湿度。到了果实膨大期之后，加强通风，使空气相对湿度下降到60% ~ 70%。覆膜时间从扣棚升温步骤开始，一直持续到果实采收后。

（六）白熟期管理

枣果进入白熟期阶段管理得好，可以尽早促进枣果转色变白，促进枣果中碳水化合物的积累，也可以为枣果的脆甜口感形成打下坚实基础。适宜的白天温度为30 ~ 35℃，夜间温度为18 ~ 20℃。设施栽培鲜食枣虽然不同区域选择的品种有差异，但大体而言，在这个生长阶段，外界的温度已经比较高，白天要逐渐加大通风口和延长通风时间，以避免温室内的温度过高，到了晚上也要适当加大通风，尽量保持昼夜的温差，利于枣果内养分物质的积累，另外，这个时期阴雨天比较多，在阴天条件下要及时关闭顶风口，防止雨水进入温室内，这样可以减少枣锈病等病害的发生，在这个阶段通过科学的通风，将温室内的空气相对湿度保持在30% ~ 40%。

（七）着色期管理

昼夜温差对果实着色与品质有一定的影响，设施栽培条件下（小昼夜温差15.7℃，大昼夜温差19.8℃），昼夜温差小的处理20天完成着色，而昼夜温差大的30天才可完成着色。大昼夜温差处理下的果实横径、单果重、可溶性固形物含量、可溶性总糖含量、有机酸含量分别比小昼夜温差处理下的高8.3%、14.8%、10.3%、5.5%、11.7%，但果实纵径、果形指数、果实硬度、维生素C含量较其分别低2.3%、9.8%、4.8%、10.5%。昼夜温差较小有利于果实着色、营养品质的积累，但昼夜温差较大利于改善枣果外观形态和口感。

这时管理的主要任务是促进枣果内碳水化合物的转化，促进糖分和维生素C等物质的积累，另还要预防裂果现象的发生，从而保证枣果的品质和品相，适宜的白天温度为32～35℃，夜间温度20～23℃，这时外界温度已经非常高，在晴朗天气下要尽量加大顶风口和底角风口，从而避免午间温室内温度过高，导致日灼现象发生，如果遇到下雨天气，要及时关闭顶风口，以免雨水进入温室，导致土壤含水量的变化，也能大大降低裂果的发生概率，提高枣果的品质和品相。

（八）采后管理

冬季气温低，以后随物候期推进气温逐渐升高。一天当中的气温变化，晴天时较有规律，午夜至凌晨日出前，气温最低；日出后随着太阳的辐射，温室效应加强，气温上升，最高气温发生在上午11时至下午1时；下午2时以后气温又开始下降。棚内温度变化，晴天时变化非常明显、剧烈，设施栽培应根据需要及时进行降温、保温的调节。

二、提高光能利用率

设施内光能利用率低，已成为影响优质高效生产的一项主要因素。据调查，在冬季，太阳的辐射能量不论是总辐射量，还是设施果树光合作用时能吸收的生理辐射量，都仅有夏季的65%～70%，加之设施内的阳光透光率仅有80%左右，设施内的太阳辐射量仅有夏季自然光强的30%～50%，远远低于光合作用的光饱和点。特别是温室果树栽培光照强度低、光照时间短，已成为制约产量提升、效益提高的主要因素之一。因此，正确认知、掌握和提高设施果树栽培光能利用率是设施栽培果树生产中的一个重要环节。

1. 科学建设设施大棚

建设一个结构合理、透光率高、增温速度快、保温性能好的日光温室是极其重要的。采光面的平均角度要达到25～30度；采光面应采用半拱圆形，采光面采用透光性能好、具有无滴性能、防尘效果好、保温性能好、使用期限较长的多功能膜为宜。

2. 尽量多采光

有覆盖的暖棚为了充分利用光能，揭盖草帘一定要及时、适时。应只要出太阳，就要拉开草帘，让枣树叶片见到日光，进行光合作用，生产有机营养。覆盖草帘应该在日落前后进行，应尽量延长采光时间，提高光能利用率。若遇阴雨雪天气或寒冷天气，也要适时揭盖草帘，一般可比晴天推迟半小时左右揭开草帘，提前半小时左右覆盖草帘，绝对不允许不揭草帘。在阴天的情况下，枣树在黑暗的环境下，只能进行呼吸作用而消耗有机营养，因此可以适当拉帘，让其进行光合作用，虽然光合作用生产有机物质会少一些。

3. 张挂和铺设反光膜

设施温室内前后的不同部位光照强度具有显著的差异，设施温室的后部与前部相比较，光照强度较低。为了提高设施温室内后部的光照强度，应在温室的后坡或者后墙内侧张挂反光膜，以改善设施温室内后半部的光照强度，提高后半部果树的光合效能、产量和品质。实践证明，在设施温室内张挂反光膜，可增加后半部的光照强度20%以上，使后半部的果树产量提高10%～15%。塑料大棚或温室可以在果树坐果以后，在地面上铺上反光膜，可以明显提高果树中下部叶片的光照强度，对提高产量、改善果实品质，增进果实着色具有十分重要的作用。

4. 提高枣树栽植密度

为了充分利用光能，实现早期丰产，应推广适度密植。加大栽植密度可在栽植前期快速增加树体的叶面积系数，大大提高了树体对光能的利用率，以确保后期实现丰产和优质。

5. 南北行向定植

因为太阳高度角的变化，若采用东西行向栽植，则位于北行的果树易被南行果树所遮挡。1行遮1行，光照条件将会被严重恶化。若实行南北行向栽植，则群体受光条件将会得到极大改善，株与株之间受光均匀，并且有利于中午时分太阳光的直射光直射地面，以增加设施内的地温。

6. 人工补光

若遇冬季连续阴天时，设施内温度低，光照也弱，人工补光效果明显。常用光源有荧光灯（4～100瓦）、水银灯（350瓦）、卤化金属灯（400瓦）、钠蒸气灯（350瓦）。

7. 选择适宜的树体结构

在修剪过程中，根据密度、设施结构等条件选择合适的树形结构整形，在修剪过程中还要针对设施内受光条件进行稀疏型修剪。只有进行稀疏型修剪，才能保障设施内有较好的采光条件，提高光合效能。另外，还要按照南低北高的要求整枝结构，以更多地利用光能。

三、气体调控

适时通风，排除室内有害气体，补充二氧化碳气体。增施有机肥料。行间膜下覆草：枣树设施栽培升温以后，要在行间撒一层 10 ~ 15 厘米厚的碎草，然后覆盖地膜。增施二氧化碳气体肥料，如室内燃烧沼气、硫酸 - 碳酸氢铵反应法、使用二氧化碳发生器、点火产气等。

严禁在设施内撒施或穴施速效氮肥，如必须追施速效氮肥，则要结合浇水进行，事先把肥料溶解成水溶液，然后随水冲施，以防氨气挥发，危害枣树。严禁使用有毒的塑料薄膜覆盖设施。采用燃烧方式产生二氧化碳时必须明火燃烧。

第四节　保花保果

一、落花落果发生规律

枣树是多花树种，但受树体营养和环境条件的影响，落花落果现象十分严重，采收果率仅为 0.7% ~ 2.6%，造成这种情况的原因是多方面的。按照落果的先后可分为早期落果和采前落果。早期落果是指花后 1 ~ 2 个月内，幼果在发育过程中发生脱落。早期落果又有未受精落果和幼果落果之分。早期落果在各种枣树中均有发生，从落花后开始，连续 2 ~ 3 周是初期落果，另一个落果高峰是 6 月落果，从初期落果后数天开始，持续 2 ~ 4 周。南方在 5 月下旬以后；北方枣区，高峰大约在 6 月中、下旬至 7 月上旬，此次落花落果量约占落花落果总量的 50% 以上。在 7 月下旬有一个较小的落果高峰。一直到采前，仍有少量落果。另外，到果实成熟也有落果现象，落果程度因树种、品种而异。

分析'骏枣''灰枣''苹果枣''壶瓶枣''茶壶枣''长鸡心枣''敦煌大枣''襄汾大枣''骨头小枣''临泽小枣''金芒果''晋矮 1 号''晋矮 2 号''晋矮 3 号''保德油枣''相枣''阜州''交 5''冬枣''义乌大枣''无核丰''六月鲜''磨盘枣'等落花

落果规律发现，不同枣品种二年生幼龄树的落花动态变化与总花量动态变化趋势高度一致，集中落花期分布在6月底～7月底，期间分别在7月4～10日和7月17～22日出现2次落花高峰期，两次落花数量分别占总落花量的24.5%和15.9%；各品种的生理落果动态变化规律以及落果量和落果高峰期因枣品种不同而表现较大差异，一般出现两次或三次落果高峰。从整个开花坐果期的落花落果情况来看，23个枣品种的单株总花量平均6034.1朵，平均落花率98.4%；总坐果量分布在4.3～328.7个，平均落果率51.8%。'晋矮2号'坐果率最高，为3.2%，坐果率高于1.0%的品种有'茶壶枣''敦煌大枣''襄汾大枣''晋矮3号''阜州''交5'等6个品种，'灰枣''无核丰''临泽小枣'的坐果率最低，均为0.01%，其次为'冬枣'和'六月鲜'，坐果率仅为0.05%，其他品种介于0.1%～1.0%。

二、提高坐果率的技术措施

（一）整形修剪

加强树体修剪，可使树冠的透风情况得到有效改善，为花芽分化等创造条件。及时修剪，将过旺枝、重叠枝、病虫害枝疏除干净，确保枝条间透光良好。枣头生长、花芽分化期进行抹芽，对二次枝进行适度摘心。通过适当的整形修剪，促使树冠协调生长，形成均匀、透风良好的条件。开花坐果期抹芽疏枝、摘心等。在冬剪中，应将多余枝条、过密枝条、重叠枝、病虫枝彻底疏除，打开光路；在枣头生长与花芽分化期应及时进行抹芽和二次枝摘心等。

1. 除萌、摘心

除萌和摘心，一方面在一定程度上抑制枣树的营养生长，避免对养分的过度分流，为开花结果打基础；另一方面减少废枝，避免树冠郁闭，改善通风透光条件，还可减轻冬季修剪工作量。摘心的强度要综合考虑树龄、树体长势、树形培养、枣头位置以及枣头长短等因素，大体掌握原则：长势弱强摘心、长势强轻摘心；生长空间大的轻摘心、生长空间小的强摘心。当新生枣头枝长至5～10厘米时（露地5月中旬），将不准备利用的徒长枣头、二次枝末端枣股萌生的枣头及其他部位稠密枣头从基部除去，所留下的中小型结果枝组上的和二次枝中下部枣股上的枣头枝，留1～2个二次枝摘心。

枣树花期需肥量大，必须抑制枝梢生长。盛花期对各类骨干枝的延长头进行摘心，其他部位上开花前未摘心的枣头枝，初花期全部摘心。

2. 环剥

环剥（开甲）就是通过对枝干环状剥皮，切断韧皮部组织中养分向根系运输通道，切断叶片合成的光合产物从树冠向根部的输送，短时间内集中在树冠部分，抑制枣树的营养生长，使枣头的生长变缓，供应更多的营养给开花结果和幼果发育，利于枣花的开放，授粉受精，从而提高坐果率。枣树环剥后，树体营养水平很快提高，而且能维持较长时间的高营养状态，一般可从环剥后第5天一直延续到枣果硬核期。

（1）环剥枣树的选择　枣树的环剥措施，不是适用于每个品种和每株枣树。对于自然坐果率较高的品种，大果型品种（单果重大于20克）吊果比达到1∶1、中果型品种（单果重10～20克）吊果比1∶（1.1～1.4）、小果型品种（单果重小于10克）吊果比1∶1.5时，只要生长中庸，落果轻，则无需进行环剥处理。而自然坐果率低的品种，需进行环剥。同一品种的植株生长势不同，其环剥效果不一样。旺树环剥效果好，弱树、衰老树环剥效果差。因此，进行环剥的枣树，必须是自然坐果率低和落花落果重的品种，土壤管理水平较好、生长过旺的植株，弱树、衰老树不环剥。栽植密度较大的幼树进行环剥，而稀植幼树不环剥。

（2）环剥时间　根据目的不同，环剥时间也有差异。对于落花多、不易坐果的品种，要提高坐果率，环剥最适宜时间为盛花初期（大部分枣吊已开花5～6朵）。对于坐果容易、花后落果严重的品种，环剥应在盛花末期至幼果落果高峰前进行。环剥时间过早过晚，都会降低环剥效果。

（3）环剥部位　枣树环剥一般在主干上进行，主干韧皮部组织发达，容易剥离，伤口愈合快，操作方便。但是，对于主枝强弱不一或树上有多年生直立旺枝，则须在强壮主枝和直立旺枝上环剥。无论主干、主枝、还是旺枝，第一次环剥部位均应在枝干基部10厘米左右的地方。环剥后伤口大量形成突起，突起部位不宜在短时间内连续再行环剥。第二次环剥部位要上移5厘米，以后再次环剥都要上移5厘米，直至分枝处。再进行环剥时，重新从基部开始。

（4）环剥方法　选好环剥部位，要用铲或刀子剥去老死树皮，露出粉红色韧皮部。环剥要切透韧皮部，深达木质部，并剥掉中间的韧皮部。操作时，伤口要求平整光滑，为防止降雨后伤口积水，再将下端切口的韧皮部削成外斜面。环剥后，先在伤口喷洒杀虫剂，防止发生虫害，然后用塑料布包严（图4-4）。

枣树的环剥宽度因树因枝而异，一般成龄枣树主干环剥宽度为5～7毫米，主侧枝环剥宽度为3～4毫米；3～4年生直立旺枝，环剥宽度为2～3毫米。

枣树环剥后，伤口在30～40天内愈合，说明宽度适宜。环剥宽度窄，伤口愈合时间早，作用不明显；过宽，伤口愈合太迟，根系长期得不到光合产物而生长不良，甚至引起根系大量死亡，削弱了树势，虽坐果多，但后期落果也多，果实瘦小，产量也低；伤口长期愈合不上，会造成整株树死亡。

（a）树干环剥留下的环状痕　　　（b）环剥方法

图4-4　枣树环剥

1—老树皮；2—剥除的韧皮组织；3—木质部

3. 开角

开角是调整枣头生长方向的一种手法。对于生长角度过小的枣头要进行开角，开角前要进行软化，然后调整枣头的角度与主干夹角在70～80度，用开角器将枣头固定好就可以了。不仅利于通风透光，还利于树形的培养和塑造。

（二）施肥

加强树体水肥管理。为了养根壮树，提高营养贮藏水平，有机肥要一年一次集中施入，保证养分的均衡供应。秋季基肥要以"稳氮、控磷、补钾"为主，主要选择充分腐熟的有机肥，用量为5～6立方米/亩，配合施用中微量元素肥和菌肥（每亩50～54千克）。冬季要进行大水漫灌1次。

萌芽期等生育期阶段发现枣树长势过弱时，可喷施叶面肥等，以增强树势。培养健壮的树势是实现枣增产、增质的基础，也是降低落花落果的基本条件。因此，设施枣树在生产过程中一定要加强对树体的施肥管理，针对性地做好病虫害防治。生育期尤其在萌芽期、蕾分化期，对过弱枣树或前一年环剥过重的树，用氨基酸涂干，或喷施叶面肥等及时增强树势。

花期喷肥可及时补充树体营养不足。花期前必须追施一次以氮肥为主的速效肥料。当棚内有1/3的枣花开放时，可以喷施，在枣树花期和幼果期，每隔

7～10天喷一次0.3%的硼砂、0.3%尿素+0.2%磷酸二氢钾或稀土微肥300倍液，可显著提高坐果率。喷施的部位重点为叶片背面和枣花。喷施时间一般为晴天上午10点以前或下午3、4点以后。为提高工效，减少喷施次数，枣树喷肥可以和喷激素或农药结合起来。通过叶面喷施，一方面溶液中的尿素为树体快速补充养分，从而满足花序分化发育，以及枣花开放对于营养的需要；另一方面，溶液中的硼能够提高花粉和柱头的活性，从而提高受精质量，促进坐果。溶液中的水分可以提高空气中的相对湿度，使枣花柱头变得湿润，从而利于吸附花粉，提高坐果率。花后追施坐果肥（露地6月下旬至7月上旬），追施一次以氮、磷为主的肥料。

（三）合理控制温度和湿度

枣树授粉受精需要较高的空气湿度（相对湿度70%～85%）。因气候干旱并持续高温而发生"焦花"，授粉受精不良。温度及湿度条件可以直接对植物体内养分的积累产生很大影响，因而设施长枣栽植过程中一定要合理控制大棚内的温度及湿度条件。

适时扣棚，勿超年生产。超早扣棚加温，枣树没有通过自然休眠，经保温后，花勉强开放，但开花不整齐，尤其是花粉活力大幅降低。因此，枣树设施栽培，枣树必须通过自然休眠后，才能进行保护生产，才能正常开花结果，实现丰产。一般扣棚后白天、晚上的温度分别为白天18～20℃，晚上4～6℃，以后每周提温2～3℃，最高温度控制在30℃以内；扣棚后，萌芽前，结合一次灌水进行追肥，然后铺设地膜（黑色），用地膜覆盖土壤，利于快速提高地温，能够减少水分蒸发。

开始萌芽时，白天温度不高于28℃，晚间不低于12℃；初花期白天温度22～23℃，最高不超过30℃，晚间不低于15℃；盛花期白天24～26℃，最高不高于32℃，晚间不低于16℃；果实膨大期温度在25～27℃，最高不高于35℃比较适宜。花前湿度控制在40%～60%，坐果期控制在75%～85%。同时注意通风。可及时在大棚内喷水，以提高棚内的空气相对湿度，对长枣的坐果比较有利，具体的喷水次数结合天气干旱情况而定。

在枣树花期，为了满足其对水分的需求，还要进行科学浇水。浇水时机，观察枣树的叶片状况，如果叶片没有光泽，就要进行浇水了，一般整个花期浇水一次。喷水时间以下午5时以后为好，此时喷水可错开枣花散粉时间，且维持湿润的时间长，利于花粉发芽。一般连喷2天，每天1次即可。花期喷水，可以局部提高枣花周围的空气湿度，有利于枣树授粉受精，减少"焦花"现象。

（四）喷洒生长调节剂和微量元素

用于提高枣树坐果率的激素种类很多，常见有赤霉素（GA$_3$）、吲哚丁酸、吲哚乙酸和萘乙酸等。微量元素也起着重要作用，如硼在枣花中含量较多，特别是柱头的含量更高。枣树缺硼时，会导致"蕾而不花、花而不实"，落花落果严重。

1. GA$_3$

在枣树每一花序平均开放5～8朵花时，用10～15毫克/升 GA$_3$+0.5%的尿素溶液全树均匀喷洒1次，可提高坐果率1倍左右。'金丝小枣'盛花末期用15毫克/升的GA$_3$，间隔5～7天连喷2次，1个月后调查，坐果率为对照的1.8倍。在大枣树的盛花期，喷施GA$_3$ 10～15毫克/升，坐果率比对照提高17%～21%。在山西大枣盛花中末期喷施10～30毫克/升 GA$_3$，坐果率比对照提高30.9%～51.9%。在'冬枣'盛花期喷1～15毫克/升的GA$_3$、0.05%～0.2%的硼砂、0.3%～0.4%的尿素混合水溶液，可有效提高冬枣结果率。生产上使用时应注意：花期应用一定浓度的GA$_3$可明显提高坐果率，但花期和幼果期多次过量使用GA$_3$反而会出现负面效应，如导致枝条徒长、枣吊增长、坐果过多、坐果过密、枣果畸形、果皮增厚及品质下降等，一般在花期喷GA$_3$ 1～2次为宜。

2. 2,4-D

花期喷施5～10毫克/升的2,4-D溶液，有不同程度提高坐果率的效果。在盛花初期或盛花期的大枣或小枣树上喷施5～10毫克/升的2,4-D，能提高坐果率15.4%～68.0%。山西黄土丘陵的大枣在花期喷布5毫克/升 GA$_3$加25毫克/升2,4-D加营养液，可显著提高坐果率，增加单果重。'冬枣'上的试验结果表明，盛花期使用2,4-D，坐果率比对照提高20%左右，但浓度不宜超过10毫克/升，否则易产生药害。山东省果树研究所在'金丝小枣'和'郎枣'的花后用30～60毫克/升的2,4-D全树喷施，可减少落果31.0%～41.0%，而且还可促进幼果快速膨大，增加单果重，增产幅度达10%左右。

3. 萘乙酸

在大枣树上用萘乙酸15～30毫克/升浓度全树喷施，坐果率比对照提高15%～16%。在金丝小枣盛花末期全树喷施10毫克/升浓度以下的萘乙酸，效果不显著；喷施10～15毫克/升浓度时显效；喷施15～20毫克/升时可提高坐果率15%～20%；喷施20毫克/升以上时会抑制幼果膨大，或引起大面积落果。

'金丝小枣'采前40天和25天左右各喷布1次50～80毫克/升萘乙酸或其

钠盐，预防风落效果显著。试验表明，浓度为20～30毫克/升时，后期防落率可达83.6%；低于这个浓度，防落效果不明显；浓度在50毫克/升以上时，虽然防落效果好，但使用时间过早，会影响后期果实膨大，使用时间过晚，会影响后期果实成熟和适期收获。于小枣采收前30～40天喷布60～70毫克/升的萘乙酸溶液，可防止枣树后期生理落果。萘乙酸不能与石灰、磷酸二氢钾等混用，使用时应注意。

4. 吲哚乙酸和吲哚丁酸

在大枣盛花末期用吲哚乙酸50毫克/升和吲哚丁酸30毫克/升分别喷施全树，坐果率分别提高25%～45%和17%。

5. 稀土

在枣树盛花初期，日均温升至20℃以上时，全树喷施100～500毫克/升的稀土，对提高枣树坐果率、改善枣果品质均具有明显效果。于初花期和盛花期各喷一次300毫克/升稀土，可提高枣树坐果率28.4%～55.9%，且坐果整齐，采前落果轻，黄皮枣少，提前2天着色，含糖量提高。300毫克/升稀土加15毫克/升 GA_3 在金丝小枣的盛花期混合喷施，坐果率比对照提高100%。

6. 三十烷醇

三十烷醇是通过提高酶的活性和新陈代谢水平而起作用。据陕西省果树所试验，在枣树盛花初期喷2次1毫克/升的三十烷醇，可提高坐果率27%～35%；生理落果期喷1次0.5～1毫克/升，可减少落果17%～28%，并能促进果实膨大。

需要注意，喷布植物生长调节剂或微量元素必须同加强水肥管理相配合，才能取得较好的效果。否则，在肥水供应不足、树势衰弱的情况下，会更加加重营养不足，引起更大量的生理落果，造成更大损失，达不到增产的目的。在生产中将几种提高坐果率的措施综合应用，可得到比单一技术措施高得多的效果。

（五）授花授粉

枣花粉的生活力及发芽率在蕾裂期到萼片展平期（半开期）最高，故枣花有效授粉期较短。据调查，枣花开后授粉期维持1～3天，在开花第一天授粉的，坐果率为50%；开花第二天授粉的，坐果率为2%；以后授粉的则全部脱落。故此枣花的适时授粉尤为重要。设施栽培鲜食枣适时授粉是非常重要的。

1. 人工辅助授粉

除栽植时要配置授粉树外，花期用"鸡毛掸子"滚动授粉或人工点授，有条件的地方可建立"花粉贮备制度"，就是将先期采集的露天自然条件下的花粉，贮存在-20℃的低温处，待棚内枣树开花时采用人工点授、喷粉等方法授粉。

2. 放蜂授粉

枣树为典型的虫媒花，花蜜丰富，香味浓。授粉受精在昆虫帮助下完成，能提高坐果率，蜜蜂是最好的传粉媒介，放蜂授粉是不错的方法。因此，花期应在棚内放蜜蜂或壁蜂进行辅助授粉。相对于露地栽培而言，设施内环境相对封闭，对蜜蜂的管控也比较容易，枣花刚开放时是枣花流蜜量最多的时期，也是对蜜蜂诱惑力最大的时期，这时就要把蜂箱搬进温室内了，蜜蜂在采蜜的同时，捎带就完成了枣花的授粉。蜜蜂的种类选择中华蜂、意大利蜂。蜜蜂的数量要综合考虑温室面积、树体大小和开花量多少等因素。研究表明，花期放蜂能提高坐果率1倍以上。山东滕州的资料表明，放蜂后，每枣吊结果2个以上，较对照坐果率增加3～4倍。目前利用壁蜂授粉效果较好，饲养管理简单，值得大力推广。

枣园放蜂的数量与枣园的面积与每箱蜂的数量和活力有关，一般将蜂箱均匀地放在枣园中，蜂箱间距不超过300米。一般每棚放1～2箱蜜蜂或100～200头壁蜂。蜜蜂在11℃开始活动，16～29℃最活跃。如花期风速大、温度低或降雨，蜜蜂活动少，则效果差。另外，枣园放蜂期间，要严禁使用甲萘威、菊酯类等对蜜蜂高毒的农药。

（六）震狂花、震废果

枣树进入盛花期（露地6月中下旬）后大量开花，消耗了许多营养，致使树体营养水平下降。此时猛震树体，将发育不全、开花后授粉受精不良的花震落，以节约营养，提高坐果率。枣花大量坐果后（露地7月上旬），枣果间养分、水分竞争激烈，此时震荡树体，震去发育不完全的果实，有利于坐果牢固的果实生长发育。

（七）预防病虫害

注意防治花期发生的疮痂病，萌芽期和花期发生的绿盲蝽危害。具体防治方法见第五章。同时发现生长不良的虫果、伤果、畸形果要一并及时取出。尽量保留枣吊中上部好果，留果量比露地要大。

第五节 土肥水管理

一、土壤管理

　　根系是枣树的营养器官之一，与地上部分共同构成互为依存的有机整体，而根系活动的强弱则与土壤的水、肥、气、热等条件密切相关。枣园土壤管理的目的在于改善土壤的理化性质，创造适宜根系生长的环境条件，促进根系健壮生长，以充分发挥肥、水在枣树增产中的效能。秋末、早春要耕翻土壤、刨除根蘖。耕翻可以疏松土壤，增加土壤透气性，提高地温，有利于根系发育。耕翻时切断了部分细根，促发了部分新根，故可以增加吸收根的数量，提高根系吸收肥水的能力。温室和塑料大棚与遮雨棚的土壤管理方法略有不同。遮雨棚栽培时参考露地栽培，在干旱区，多在初冬时耕翻，此时耕翻可以拦蓄雪水、雨水，兼有消灭越冬害虫的作用。春季干旱多风地区宜在风季过后进行耕翻，以防加重土壤风蚀，耕翻近树周围宜浅，以不伤大根为度。

（一）深翻改土

1. 深翻时间

　　在春季枣树萌芽前进行。深度为15～30厘米，深翻后耙平、镇压、保墒。枣树果实采收后，结合秋施基肥进行深翻，深度为30～40厘米。

2. 深翻方法

　　设施枣园应适当进行全园深翻，深度20～30厘米，可在枣树行间或株间逐年开沟深翻，沟宽1.0～1.5米，深0.6～0.8米，直到打通栽植穴为止。深翻土壤时，应尽量少伤直径大于0.5厘米的根，近树干基部浅翻，以免损伤主侧根。

3. 刨除根蘖

　　枣树落叶后、土壤封冻前刨整个树盘，深度20～30厘米，里浅外深，切断并刨除细根，同时在树的下坡方向培土埂，筑成水簸箕，拦蓄雨水。树下的根蘖，宜结合耕翻土壤刨除，以节约树体营养。

（二）中耕除草

　　在生长季节进行中耕除草，清除杂草，铲除根蘖，疏松土壤。不但可以改善土壤的理化状况，也可减少土壤水分蒸发、散失速度，以保持土壤湿度，节约了大量的营养和水分。中耕除草，松土的时间、次数、深度，应根据各地气候特点、枣园内杂草、根蘖等生长状况而定。一般做到浇水后松土、干旱时松土。除人工除草外，可采用精量化学除草剂除草，使用方法参照有关化学除草剂使用手册。

为了降低大棚内的温度，也可采用株间控草的方式，即在夏季果实生长期间，株间树冠下方不除草，但要控制杂草生长保持在30厘米高度以下，这样不仅能降低土壤及树冠下层的温度，还能保持一定的土壤水分。

（三）密植园管理

应结合每年秋、春施基肥时进行深翻改土。并伴随根系伸展，逐步扩大深翻的深度和范围，直至树行间完全沟通为止。

行间覆盖塑料薄膜。地膜覆盖后，能使土壤中水、气、热等物理条件得到改善，有效氮素增加，根系生长量加大，增加了土壤湿度和地上部反光的特殊作用，同时又保持了土壤水分供应的相对长效性和稳定性。地面覆盖塑料薄膜对抑制杂草生长、减轻桃小食心虫危害效果非常显著。

（四）设施土壤盐渍化的预防

设施栽培中，由于塑料薄膜长期覆盖，土壤本身受雨淋溶较少，加之不少果农在设施管理当中，大量地使用速效氮素化肥，造成土壤中盐基不断地增多、积累，使土壤的盐碱含量不断提高，形成土壤盐渍化。结果大大影响了枣树的生长发育，甚至造成枣树的大量死亡，最终不得不终结设施栽培。所以管理时应注意增施有机肥料，减少速效化肥的使用量，特别要注意减少氮素化肥的使用量，即便是追肥也要坚持使用腐熟的有机肥料，这样做土壤就不会或极少盐渍化。

二、施肥

肥料是枣树生长发育所需的食粮。枣树的正常生长和发育，需要从土壤中吸收十余种养分，通常把这些养分称为营养元素，如氮、磷、钾、钙、镁、锌、硼、锰、铁等。应通过施肥来补充，以保证枣的正常生长的发育。一般枣园的土壤肥力较低。要使枣树丰产、稳产，必须通过施肥，使土壤肥力保持在中、高水平。故一般要求的施肥量都大于吸收量。施肥对枣树生长和坐果有显著影响。

研究表明，适量增施氮肥可增加果实单果重、果实横纵径，提高果实糖含量。增施30%的氮肥成熟期时效果最为明显，其中单果重、果实横径、纵径、硬度、可溶性固形物、可溶性总糖分别比对照高了42.0%、21.1%、26.8%、4.1%、4.9%、2.8%。增施有机质肥也可提高果实的外观品质及营养品质，成熟期时单果重、果实横径、纵径、果实硬度、可溶性固形物、可溶性总糖、维生素C含量分别比对照高了53.5%、13.7%、11.6%、5.8%、21.6%、16.6%、26.4%。因此增施氮肥及有机质肥有助于改善枣果实外观品质及营养品质，提高果农经济收入。

（一）施肥时期及种类

观察枣树的物候期可以看出，根系先于地上部活动。地上部器官自发芽后陆续发生，并相继进入旺盛生长期。这期间枣树展叶、枣吊发生及旺长、枣头发生及旺长、花蕾显现及发育、根系发生与生长等生命活动同时进行。此后，枣树盛花期和枣头生长旺盛期与吸收根第一次生长高峰期相衔接，果实迅速生长期与根系生长高峰期相重叠。由于枣树的某些物候期重叠，不但营养消耗多，器官部养分竞争也激烈。如果不能满足各器官对养分的需要，势必影响某些器官的正常生长和发育，最终表现为影响树势、果实产量和品质。一般可通过早施基肥、适时追肥、叶面喷肥的方法来解决。

1. 基肥

在枣果采收以后（露地9月下旬至10月上旬）施入较好。此时露地栽培的枣树枝叶已经停止生长，果实也已采收，养分消耗较少，而叶片尚未衰老，正是同化养分进行营养物质积累的时期。此时根系仍有一定的吸收能力，同时地温尚高，土壤湿度较大，肥料分解较快，有利于根系吸收。而设施内由于枣果采收较早，根系和枝叶仍处于正常生长阶段，可以制造大量的有机物质贮藏在树体内，为第二年枣树抽枝、展叶、开花、结果打下基础。春季则应早施，土壤解冻后即可进行。基肥以圈肥、厩肥、绿肥、堆肥、河塘泥、人粪尿等有机肥和草木灰为主，掺入部分氮素、磷素化肥。

2. 追肥

又叫"补肥"，是在枣树生长期间，根据枣树各物候的需肥特点，利用速效性肥料进行施肥的一种方法。露地花期追肥可于5月底，幼果期追肥可于7月上旬进行。

花期追肥：以速效氮肥配适量的磷肥，也可追施腐熟的人粪尿。

幼果期追肥：有助于果实细胞的增大，加速果实体积的长大，此期追肥以含氮、磷、钾三元素的复合肥为宜，不能追施单一氮肥，如尿素、碳铵、氨水等，防止促发第二次生长而加重生理落果。

果实膨大期追肥：正值开花坐果、幼果膨大齐头并进时期，也是养分需求快速增加的时期，科学充足的养分供应能够满足枣树的开花和坐果，从而提高坐果率。对已经坐住的枣果科学的水肥供应，不仅能够促进枣的快速膨大，还能为枣果优质打下坚实基础。这个阶段内缺水缺肥常常会导致落花落果，并且导致枣果膨大速度变慢，个头瘦小，即使以后有足够的水肥供应也不可挽救。另外，磷肥和钾肥供应是否充足，很大程度上影响枣果中糖分和维生素等物质的形成和积累，这个阶段必须保证充足的水肥供应，一般浇水2～3次就可以，在浇水的同时要随水追肥。

果实白熟期追肥：在这个阶段如果缺水缺肥，常常会影响枣果内养分物质的积累，最终影响枣果的品质。结合浇水适当追施磷肥和钾肥。施肥量综合树龄、树体长势以及品种口感等因素。通过叶面喷施的方法补钙，钙具有延缓枣果果皮衰老，增加果皮韧性的作用，在枣果白熟期通过叶面补钙可以起到减少裂果发生概率，提高枣果成熟采收后耐储运性的作用，一般喷施1000～1500倍螯合钙溶液，每隔7～10天喷施1次，连喷2次。

（二）施肥方法

为了提高施入肥料的利用率，施入有机肥料时的施入深度应随当地枣树根系分布状况而定，根系分布密集层较深时，施肥也深些，反之，施肥深度则应浅些。生产中常用的施肥方法有环状沟施、辐射沟施、轮换沟施、全园撒施、穴状追施、叶面喷施等。施肥时应注意保护根系。

1. 基肥的施用方法

（1）环状沟施　一般用于遮雨棚纯枣园。在树冠外围投影下，围绕树干挖一环状沟，深30～40厘米，宽40厘米，以不伤大根为宜。将肥料与表土混合，施入沟内，然后回土覆盖，随后修好树盘。环状沟施适合幼龄枣树，随着树冠、根系的扩展，施肥沟要逐年向外移，目的是诱导根系向外伸展，扩大根系吸收范围（图4-5）。采用此法施肥2～3年，应间插一次辐射沟施。

图4-5　环状沟

（2）轮换沟施　此法常用于塑料大棚及温室枣树密度较高的设施内使用。在树冠下的两侧挖沟施肥。沟可挖成条状沟或半弧状沟（图4-6），长度视树冠大小而定，宽40厘米，深30～40厘米，将肥料填入沟内，与表土拌匀，然后覆盖底土。翌年施肥时再于另外两侧挖沟，如此交换并逐年向外移动施肥位置。对土质好的地块和沙性重的地块，沟可稍浅；土质较黏而下层板结的地块，沟应深挖，结合施肥深翻改土。

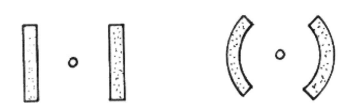

图4-6　轮换沟

（3）全园撒施　一般设施内均可使用。施肥时将肥料均匀撒布全园，然后深翻土壤20～30厘米，把肥料翻入土中。注意近树干处宜少施肥料。

2. 追肥的施用方法

在施足基肥的基础上，生长季节还要进行追肥。追肥以速效性肥料为主，并掌握量少、次多、勤施、少施的原则。地下追（追肥）萌芽前（4月上旬）氮肥为主；开花前（5月中下旬），速效氮肥为主；幼果期（7月上旬）氮、磷、钾肥配合施。地上喷（叶面喷肥），喷肥从发芽期开始，每7～10天喷洒1次，全年喷7～10次。

（1）土壤穴状追肥　在树干周围1米至树冠外围挖数个或数十个追施穴，穴宜多不宜少，宜小不宜大（图4-7）。穴径以挖穴铁锹宽为准，穴深宜浅，并依肥料种类略有变化。氮、钾肥在土壤中流动性强，不易被固定，穴深10厘米左右。施肥时将速效氮肥、钾肥和腐熟的人粪尿等混合施入穴内，覆土灌水。磷肥中因可溶性的有效磷流动性差，容易被土壤固定，不易为根系所吸收，所以磷肥应混入堆肥、圈肥等有机肥中施用。施磷肥时，穴深20～30厘米，使磷肥集中施在吸收根分布最多处。

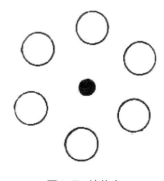

图4-7　追施穴

（2）叶面喷肥　叶面喷肥简便易行、用肥量少、见效快、增产显著。一般在花前、花期和幼果期及生长后期，把浓度较低的肥料水溶液用喷雾器喷到枣树的枝叶上。

叶面喷肥常用的种类和浓度：尿素（0.3%～0.5%），磷酸铵（0.5%～1.0%），硝酸钾（0.5%～1.0%），硫酸锌（0.3%），硫酸亚铁（0.3%），硼砂（0.5%～0.7%），硫酸二氢钾（0.3%）等。几种肥料可以混合施用，混合后肥料的总浓度不超过0.6%，也可结合防治病虫害与杀虫剂或杀菌剂混合使用，但不要把酸性和碱性的肥料、农药混在一起喷，以防降低效果。叶面喷肥的肥效持续时间不长，只有10～12天，因此，每隔10～15天要喷一次。喷肥应在无风晴天的上午9时前和下午4时后进行，以傍晚喷肥效果最好，以免正午前后气温过高，溶液失水快，影响叶面对肥料的吸收，甚至导致药害发生。叶面喷肥要均匀，叶背面要多喷。

实践证明，叶面喷肥简单易行，用肥少、见效快，一般喷后1～2小时就能进入叶片内部。叶面喷肥效果虽然明显，但毕竟肥效有限，只可作为追肥的一种补充措施，必须与土壤施基肥、追肥相结合，才能获得稳定的增产效果。

果实膨大期喷施叶面肥可以为树体快速补充养分，不仅可以为枣花提供充足的养分，还可以促进坐果，一般从幼果刚刚坐住时，就开始喷施0.3%硼砂溶液，每隔7～10天喷施1次，连喷2次。当大半枣果已经坐住时，为了减少落果提高坐果率，可以全株喷施20毫克/升的萘乙酸粉剂与0.3%的磷酸二氢钾混合溶液，一般喷施1～2次。

（三）施肥量

枣树合理的施肥量，应由树龄、树势、结果状况、土壤肥力和淋溶流失量等多方面来决定，并按不同时期需肥要求分期施入。老树、病树、结果多的树和瘠薄地、沙壤地应多施，以提高土壤肥力，复壮树势，维持枣树高产量。土壤肥沃，易发挥肥效，可适当少施用；幼树、生长旺盛、结果少的树，可以少施；土壤肥力大，保肥力强的少施；土壤瘠薄，保肥力差的要多施。施肥量应在测土配方施肥的基础上，运用目标产量、树龄、树体长势以及品种口感等多种因素，科学施用。

设施密植枣园根系密度大，单位面积内枝叶多，产量高，土壤内的营养物质消耗较多，单位面积内的施肥量也要相应增加，施肥种类以有机肥为主，时间以秋施为好，施肥量每亩在2500千克左右。肥料如能掺20～30千克的硫酸铵、过磷酸钙、尿素或复合肥料等效果更好，施肥量每株硫酸铵3～4千克或尿素1.5～2千克、过磷酸钙3～4千克、草木灰10～15千克。

三、水分

枣树虽是抗旱耐瘠薄树种，但正常的生长发育需要一定的水分条件。当水分不足或过量时，会导致枣树根系生长停滞、光合作用减弱、枝叶生长减慢、落花落果严重、果实发育不良等现象。枣树从萌芽到果实开始成熟的整个生长期间，都要求较高的土壤湿度。土壤水分以保持田间最大持水量的50%～70%为好。果实硬核后的缓慢增长期，土壤水分的影响比较缓和，但当含水量降到5%～7%（沙壤土），为田间最大持水量的30%～35%时生长停止，虽不会引起大量落果，但果实明显变小，产量下降。因此，生长期给枣树灌水，满足枣树生长发育需要，促进地下、地上部分生长，提高坐果率，是解决春季干旱、提高产量的关键措施。

一般生长前期（露地5月、6月、7月）土壤含水量应保持田间最大持水量的70%左右，生长后期应保持田间最大持水量的50%～60%。浇水量应以水分渗入根系主要分布层内为原则，每次浇水必须浇透。

（一）萌芽水（露地4月中下旬）

北方枣树开始萌芽。由于此时比较干旱，所以在枣树萌芽前灌一次透水，发芽前通过浇灌补充土壤水分，有利于根系发生和生长，可促进枣树发芽，可为红枣丰产打下良好基础。早春浇水可早发芽5天左右。

（二）开花水（露地5月下旬枣树进入初花期，6月上中旬为盛花期）

此期间，一方面枣树枝叶已大部分形成，枣树蒸腾量较大；另一方面枣树花量大，开花坐果需水较多。如果水分供应不足，枣树容易出现焦花落花现象。此外，枣的花粉萌发也需要较大的空气湿度，水分不足则授粉受精不良，降低坐果率。所以，花期灌水不但能满足蒸腾失水及开花的需要，而且可以提高坐果率。一般花期灌水比不灌水的枣园增产23%～63%。

（三）幼果水（露地7月上旬）

幼果迅速生长阶段，需水量很大，此期蒸腾旺盛，如果土壤供水不足，会使果实生长受到抑制而减产，应通过灌溉及时补充土壤水分。当土壤水分下降到6%以下时，40%左右的幼果果肉变软，部分叶片变黄并有轻微落叶现象。幼果期土壤干旱时，适时浇水十分必要。有些地区在枣树落叶后至土壤上冻前浇上冻水，提高土壤含水量，增加枣树抗性，防治虫害。每次灌水应湿透根系主要分布层的土壤，要浇足、浇透。鲜食品种采收前灌一次水较好。

（四）白熟期水（露地8月下旬）

在这个阶段如果缺水缺肥，会影响枣果内养分物质的积累，最终影响枣果的品质，一般这个阶段需要浇水2次，每隔7～10天浇1次。

（五）封冻水

在土壤封冻前浇水，增加枣树的越冬抗寒能力，消灭部分地下越冬病虫。

（六）排涝

地面长时间积水会严重恶化土壤的透气状况，引起根系的大量死亡，削弱树势以致整株死亡。及时排除枣园积水，是保证枣树生长、争取丰产不可忽视的条件之一。

对于具有喷滴灌设备的设施枣园，可以结合叶面喷肥，喷施时间为叶幕形成后每15天喷1次。喷水频率为每20～30天一次，并重点保证萌芽期、开花期、结果期的给水量。除此之外可视土壤墒情适当灌水。枣树生长期进行地膜覆盖，起到保墒保肥防病害的目的，果实采收后去掉地膜。

四、水肥一体化

（一）选择适宜肥料种类

可选液态或固态肥料，如氨水、尿素、硫铵、硝铵、磷酸一铵、磷酸二铵、氯化钾、硫酸钾、硝酸钾、硝酸钙、硫酸镁等肥料；固态以粉状或小块状为首选，要求水溶性强，含杂质少，一般不用颗粒状复合肥；如果用沼液或腐殖酸液肥，必须经过过滤，以免堵塞管道。

（二）灌溉施肥的操作

1. 肥料溶解与混匀

施用液态肥料时不需要搅动或混合，一般固态肥料需要与水混合搅拌成液肥，必要时分离，避免出现沉淀等问题。

2. 施肥量控制

施肥时要掌握剂量，注入肥液的量大约为灌溉流量的0.1%。例如灌溉流量为50立方米/亩，注入肥液大约为50升/亩；过量施用可能会使树体死亡以及环境污染。

3. 灌溉施肥的程序

分三个阶段：第一阶段，选用不含肥的水湿润；第二阶段，施用肥料溶液灌溉；第三阶段，用不含肥的水清洗灌溉系统。

总之，水肥一体化技术是一项先进的节本增效的实用技术，在有条件的农区只要前期的投资解决，又有技术力量支持，推广应用起来将成为助农增收的一项有效措施。

第六节　枣树设施栽培成熟期调控及生长控制

一、成熟期调控方法

成熟期的调控就是通过对生长环境条件的控制，实施对休眠、花芽分化等生理生化的调节，从而实现对成熟期（或生育期）的调节。枣树的生育期调节包含两个方面。一方面是促进枣果提前成熟，另一方面是使枣果的延迟成熟，二者在生产上都具有十分重要的意义。特别是在无法通过贮藏保鲜实现周年供应的情况下，枣果的提早上市和延迟上市，在一定程度上能弥补贮藏保鲜难的问题。

（一）休眠期的提前或延迟

枣树同其他果树一样，在设施栽培中，首先要解决的是解除休眠或强迫休眠的条件控制。目前从已有的试验结果看，枣树对低温的要求不十分严格。解除休眠的方法可考虑采用低温或高温处理、摘除枣吊、用化学药剂等方法。延迟休眠则可采用降低温度、缩短光照时间、施用外源激素的方法解决。

1. 解除休眠

果树解除休眠一般需要7.2℃以下的低温的积累，即需冷量。不同的果树树（品）种需冷量差异很大。冷量积累不足时，加温后能生长，但发芽率低，萌芽开花不整齐，生长结果不良。在葡萄、桃、李、杏等的需冷量研究较多，大多数已有较为明确的指标和打破休眠的具体措施。从设施栽培试验来看，枣树对低温的要求不十分严格。鉴于此，可通过温度处理、摘叶、化学药剂处理，探索解除休眠的办法。

（1）温度处理　如不知需冷量的情况下，把盆栽枣树放在0～3℃的冷库中，保持80%以上的湿度，设定不同指标，分批取出升温，获得不同品种解除休眠的最低需冷量。已知需冷量的枣树落叶后，在温室中可采用全天盖草帘、晚上通风降低温度的办法，增加冷量的积累，达到冷量指标后再升温。对不知道需冷量的宁可晚升温，也不能盲目升温。可通过每年逐步提前升温的办法，提前完成打破休眠。利用高温也可打破休眠。据试验30℃以上高温有利于解除枣树的休眠，而在温室和大棚中，使温度达到30℃以上又是很容易的。

（2）摘叶　我国台湾地区利用摘叶的方法，促使葡萄、桃、梨等休眠芽萌发，成功地解决了这些树种的一年两收或三收。枣则可通过去掉枣吊的方法，来试验对打破休眠的影响。

（3）化学药剂处理　石灰氮、赤霉素、激动素等对打破葡萄、桃、李等的休眠的作用已有很多的研究成果，但在枣上应进行进一步的试验。

2. 延迟休眠

延迟休眠比提前打破休眠相对来说容易做一些。就是在自然条件休眠结束后继续延长其休眠期。主要通过全天加盖草帘，晚上通风降温的办法，继续保持温室（大棚）的温度低于枣树生长需要的温度。也有报道称，可通过枣树生长中期高接法延迟休眠。在枣树生长季，根据市场需求，确定高接时间，然后利用贮藏在冷库中的接穗对枣树进行全面高接，利用嫁接当年发生枝条进行果实生产，在果实发育期进行设施保护。此法仅适用于早果性品种，如'临猗梨枣'等，并且砧树树势要强健。

利用盆栽法，先把养护好的盆栽枣树置于冷库中，适宜时间移到棚内使其生长，果实发育期进入设施保护。另外，外源激素也可延长枣树的休眠，如脱落酸、萘乙酸钠盐、萘乙酸钾酯及马来酰酐肼等，但应进行系统的试验，因品种选择适宜的浓度。

（二）花芽分化的促进

枣树的芽为复芽，由一个主芽和一个副芽组成，副芽生在主芽的侧上方。主芽形成后一般当年不萌发，为晚熟性芽。主芽萌发后有两种情况：一是萌发后生长量大，长成枣头；二是生长量很小，形成枣股。副芽随枝条生长萌芽，为早熟性芽，萌发后形成二次枝、枣吊和花序。

枣树的花芽分化不同于其他果树。其花芽分化的特点为：

第一，当年分化，多次分化，随生长分化。一般是从枣吊或枣头的萌发开始，随着生长向上不断分化，一直到生长停止才结束。对一个枣吊来说，当其萌发后幼芽长到2～3毫米时，花芽已经开始分化，其生长点侧方出现第一片幼叶时，其叶腋间就有苞片突起发生，这标志着花芽原始体即将出现，随着继续生长，基部的花芽也加深分化。当枣吊幼芽长到1厘米以上时，花器各部分已经形成。随着枣吊的生长进程，先分化的花先开放，随后继续分化的花陆续开放。

第二，花芽分化速度很快，花芽分化持续期相当长。一个单花的分化期约为8天，一个花序的分化期为8～20天。一个枣吊根据其生长期的长短，分化持续时间可达1个月左右，一个植株的分化期则长达2～3个月。这种花芽分化持续期长、多次分化的特点也造成了物候期重叠，养分竞争激烈，导致果实成熟期不一致、营养消耗量大等缺点。

与其他落叶果树相比，枣树具有萌芽晚、落叶早的特性。不同地区枣树萌芽期有差异，自南向北萌芽期逐渐推迟。萌芽后枣股顶端主芽生长1～3毫米后停止生长，其上副芽萌发形成枣吊。枣吊开始生长较慢，此后生长迅速，到5月中旬生长达到高峰，开花后生长减缓，大部分枣股上的枣吊在6月中下旬停止生长，枣吊生长期为50～60天。随着枣吊增长，新叶不断出现，枣吊下部叶片不断展开、长大、停止生长。枣吊停长后不久，最上部叶片也停止生长。枣吊基部和顶端的叶片均较小，中部叶片较大。在河北中部，10月下旬开始落叶，枣吊也随之脱落。

根据枣树花芽分化有当年分化、随生长随分化的特点，由于在提早成熟的设施栽培中枝条的生长、花芽的分化均明显提前，因此必须采取相应的措施，保证花芽分化的质量和数量。

1. 高温长日照

枣树是长日照喜光植物，在不设人工加温和补充光源的温室里，枣树花芽分化不良，表现为分化级次低、数量少、质量差、蓓蕾小。因此，要保证高温长日照条件促进枣树花芽分化。一是提高温室的保温性，保证温室适宜的温度；二是通过采用铺新棚膜、铺设反光膜、早揭晚盖草帘、增设人工光源来增加日照时间，提高光能利用率。

2. 抑制枣头生长

枣头是枣树营养生长的中心，枣树的旺长会明显影响花芽分化和降低坐果率。通过枣头摘心可有效地控制营养生长，促进花芽分化和提高坐果率。枣头摘心的强度，根据树势强弱、所处空间大小而定，前提是既要保证足够的枝量、良好的通风透光条件，又不使树体旺长。可通过下列植物激素调剂调节。

（1）多效唑　于花前（枣吊长到8～9片叶时）喷施，幼龄树（1000毫克/升）、成龄树（2000～2500毫克/升），每年喷施1次多效唑；也可土壤撒施。在靠近树干的基部挖沟撒施，每株施多效唑1.6～1.8克，然后盖土填沟。喷施多效唑后可抑制新梢生长，使叶片增厚、色深，促进生殖生长，提高坐果率，而对果实大小和形状无明显影响。

（2）丁酰肼　在开花前，幼树喷施2000～3000毫克/升的丁酰肼，成龄树喷施3000～4000毫克/升的丁酰肼1次或用2000毫克/升的丁酰肼喷2次，能抑制植株枝条顶端分生组织生长，使新梢节间变短，生长缓慢，枝条加粗。

（3）矮壮素　在开花前（枣吊长到8～9片叶时）每隔15天喷施一次2500～3000毫克/升的矮壮素溶液，共2次；或采用根际浇灌，每株用1500毫克/升的矮壮素溶液2.5升。可使枣树矮化，节间缩短，叶片增厚，抑制枣头、枣吊生长，促进花芽分化，提高坐果率。

（4）烯效唑+马来酰肼　研究表明，北疆红枣'垦鲜枣1号'在二次枝摘心后，喷施烯效唑50毫克/升+马来酰肼500毫克/升1次，能促使枣吊木质化，单株枣吊木质化率达到99.8%，木质化枣吊结果多、果型大，能抑制枣头及二次枝新梢的萌发，减少了人工除萌的强度，摘心生产率是使用细胞分裂素的2.2倍，而喷施烯效唑100毫克/升+马来酰肼500毫克/升1次，摘心生产率为使用细胞分裂素的2.75倍，极大地降低枣园摘心工作的强度，使摘心工作实现省力化。

3. 环境调控

设施栽培的关键是通过人为控制来满足枣树发育不同的阶段对环境条件的要求，就设施栽培环境调控而言，主要是对温室（棚）内温度、湿度、光照、空气的调节。对提早栽培的主要是指从萌芽开始时到果实发育中期的环境调节，对延迟栽培的主要是果实生长后期的环境调控。

（三）促进果实肥大和成熟

1. 枣果实生长发育的措施

枣花授粉受精后果实便开始生长发育。虽然枣树花期长，坐果早晚不一致，但果实停长期相差不多。枣果实的生长发育一般可划分为迅速生长期、缓慢生长期和熟前生长期三个时期。'冬枣'从子房膨大开始的第50～78天果实生长速度逐渐放慢，直至停止生长。果肉质地逐渐致密，果核细胞逐渐石化变硬，并在14天内完全硬化，种仁萎缩退化。当果实形态已经达到固有的大小，果皮底色则由浅绿变白绿，果面由片状着色逐渐发展到全红，果肉由白熟变脆熟以至完熟，表现出固有的风味。

研究表明，玉米素核苷和异戊烯基腺苷在'沾化冬枣'花器官发育过程中起着重要作用。花和果实的发育过程中，各氮素指标与细胞分裂素的变化可显著分为三个阶段：一是从显蕾期至花瓣展平期，此期细胞分裂素和各氮素指标迅速上升，达到最高峰；二是从花瓣展平期到硬核时（花后45天左右），此期各指标迅速下降至最低点；三是从硬核时至采收，此期果实内各氮素指标缓慢回升，细胞分裂素出现一高峰后下降。

'灵武长枣''中宁圆枣'从白绿期至全红期，果肉硬度缓慢降低，与果实可滴定酸含量、可溶性固形物、总糖和蔗糖含量均呈极显著的正相关。

2. 促进枣果实肥大的技术措施

'台湾青枣'在落花期及15天后各喷1次5毫克/升的氯吡脲，能够拉长果径，增大果实，对提高平均单果重和果实品质具有明显的作用，并且增强了抗逆性，但要严格掌握用药时间、用药剂量和用药次数。

在幼果期全树喷施赤霉素和6-苄氨基嘌呤，既能显著防止幼果脱落，又可促进幼果快速膨大，8月上旬末调查，百果鲜重比对照清水喷施增加20.0%。

3. 促进枣果成熟脱落的措施

使用乙烯利催落技术采收枣果，效果显著。具体方法：在采收前5毫克/升7天，喷洒150～300毫克/升的乙烯利加0.2%的洗衣粉（作黏着剂），喷药时间上午10时以前和下午4时以后，每株成龄枣树喷4～6千克药液为宜，喷药要均匀周到。喷后第二天即开始生效，第四天使果柄离层细胞逐渐受到破坏而解体，轻摇树枝果实即可全部脱落。用乙烯利催熟的效果取决于当时的气温和品种。在果实成熟较好、气温较高的情况下，适宜浓度为200～300毫克/升。对鲜食枣，建议一般不用乙烯利催熟。

二、枣树设施栽培的控长技术

（一）限制根系生长

通过调节设施枣树根系的分布、类型和生长节奏，可以较好地控制地上部的生长发育。限根主要是限制垂直根、水平根的数量，引导根系向水平方向生长，促进吸收根的发生。限根的方法包括以下几种。

1. 起垄

起垄是限根生长较为方便有效的方法，起垄栽植，不仅有利于提高地温，促进吸收根大量发生，使垂直根分布浅，水平根分布范围广，而且有利于树体矮化紧凑，易开花、结果早，同时还有利于枣园管理和更新。

2. 容器限根

容器限根是把植株栽于单个容器中，然后建棚进行设施栽培。常见的有陶盆（30厘米×40厘米或40厘米×40厘米）、袋式（塑料编织袋）、箱式（耐腐的塑料箱）三种类型。其他的限根方法还有底层限制、根系修剪等。

（二）喷施生长调节剂

目前，生产中常在揭棚后，经过修剪整形促使枣树生长，为控制其生长促进花芽形成而喷施生长调节剂。使用较多的是向树冠连续喷施2 ~ 3次15%的多效唑100 ~ 200倍液、果树促控剂PBO等，或用15%多效唑50倍液涂抹枣树新梢，控制旺长，达到控冠促花的目的。

第七节　不同模式栽培技术要点

一、促早栽培技术要点

　　设施早熟栽培，多用于鲜食早熟品种，可提前1 ~ 2个月供市。关键技术如下。

　　（1）人工低温暗光促眠。这是设施枣树快速通过休眠的处理方法。于10月下旬~ 11月上旬覆棚膜、盖草帘，让棚室白天不见光，降低棚内温度，夜间打开通风口，尽可能创造0 ~ 7.2℃的低温环境，经30 ~ 45天即可满足其需冷量。

　　（2）扣棚升温。解除休眠后，每亩施4000 ~ 5000千克有机肥，根据生产要求全棚覆盖黑色地膜，并于12月底至次年1月初覆膜扣棚，逐渐升温。先拉开1/3草帘，几天后再拉1/2草帘，10天后将草帘全部拉开。

　　（3）温湿度管理。升温后，严格按照枣树不同生育期要求控制温湿度。萌芽前昼温15 ~ 18℃，夜温7 ~ 8℃，相对湿度70% ~ 80%；萌芽后昼温17 ~ 22℃，夜温10 ~ 13℃，相对湿度50% ~ 60%；抽枝展叶期昼温18 ~ 25℃，夜温10 ~ 15℃，相对湿度70% ~ 85%；盛花期昼温22 ~ 35℃，夜温15 ~ 18℃，相对湿度70% ~ 85%；果实发育期昼温25 ~ 30℃，相对湿度小于60%。

　　（4）当棚外温度接近或高出棚内枣树生育期所需温度时，可逐渐揭开棚膜，适应外界环境。

　　（5）果实成熟期遇连阴雨，可在着色始期临时覆防雨薄膜，但四周必须打开，保持通风。

　　（6）花期管理技术按露地技术要求进行，主要以膜下滴灌方式施肥灌水，花期为提高湿度，可采取膜上灌溉方式。

二、晚熟栽培技术要点

目前生产上鲜食的品种多在9月份集中成熟，此时温度高，难以保鲜，自然存放寿命短，遇阴雨天裂果烂果严重。为解决这些问题，可采取人工措施推迟开花结果，推迟采收，延长鲜枣供应期，提高商品果率。关键技术如下。

（1）北方高纬度枣区，可于地温回升前，在棚内存储大量自然冰块或机械制冷，同时采取覆膜并加盖草帘等保温遮光措施，保持相对气温在5℃左右，根据延迟的时期决定加冰量和制冷时间。

（2）可采取盆栽方式进行设施栽培。发芽前将盆栽枣树置于恒温冷库内，保持5℃左右，完成延迟日期后再移回棚内进行露地栽培。

（3）延迟栽培适用的品种为晚熟、极晚熟品种如'冬枣''雪枣'等。在枣树正常落叶前1个月，即10月上旬日均温低于16℃时开始覆膜升温，保持昼温25 ~ 30℃，夜温大于18℃。

（4）有条件的应在覆膜后补光，每天1 ~ 2小时，促进树体和果实正常发育。增光措施：选择透光率高的棚膜，采用合理的大棚结构，延长光照时间，悬挂反光膜（将2米宽的聚酯镀铝膜张挂在北面后墙上，可使前部增加光照25%左右），在地面铺设反光膜（果实成熟前1个月，在树冠下铺设聚酯镀铝膜，可提高叶片的光合能力，促进果实着色），清洁棚膜，人工补光（在棚脊的最高处，每4米左右悬挂1只60瓦的白炽灯或碘钨灯，距地面2米左右，下午盖上草帘后马上开灯）。

三、避雨栽培技术要点

枣成熟期适逢雨季时，就要在白熟期采取搭建临时防雨棚，使树体避免淋雨，土壤湿度保持稳定，以减少裂果和采前生理落果。果实采收后随即撤掉防雨棚。

（1）盛花期喷施1 ~ 2次15毫克/千克赤霉素，间隔5 ~ 7天。萌芽后20天、花前、末花期对新生枣头摘心，保留枣头枝基部枣吊，促进坐果。

（2）选用具有防裂果功能的制剂，从果实白熟后期开始至脆熟期每8 ~ 10天喷施1次，共喷5 ~ 6次。用喷雾器均匀喷雾于树体叶面、果面，每亩枣园喷液量以100 ~ 120千克为宜，天气干旱时适当增加喷液量。不能将防裂剂与其他肥料、农药、植物生长调节剂等混配喷施。

四、异地栽培技术要点

在北方地区或有霜冻的南方地区栽培原产于热带的毛叶枣。毛叶枣全年生长，一年结两次果，适合在日均温17.5℃以上的地区生长。气候不适宜地区栽培毛叶枣，要在冬季采用日光温室和塑料大棚，并保持棚内日均温不低于18℃，花期日均温不低于20℃。

在南方地区栽培北方极晚熟的种。西安市高陵区开发出在我国南方部分地区栽培'泾胃大雪枣'的技术，在南方产区，'泾胃大雪枣'表现更晚熟，比北方地区晚熟15 ～ 30天。

五、一年两熟栽培技术要点

（1）品种选择。需冷量低的早中熟品种如'七月鲜''早晚蜜''六月鲜''大瓜枣''大白玲''特大蜜枣''金丝4号''七月酥''梨枣'等。

（2）一次果生产。枣树落叶后，采用低温暗光促眠技术解除休眠，于12月下旬至次年1月上旬覆膜升温，进行促成栽培。第一茬果6 ～ 7月成熟。

（3）生长季强迫休眠和二次萌发技术，这是一年两熟技术的关键。在头茬果采收后，根据预定二次果采收日期的早晚确定强迫休眠的日期，采用人工或化学方法强迫休眠，并促进二次萌发，进行二茬果的生产。

人工强迫休眠。在预定的强迫休眠时期，对枣树进行强剪，剪除所有枣吊和1次枝、2次枝上的叶片，促使枣股重新萌发枣吊。

化学强迫休眠。头茬果采收后，叶面喷施200 ～ 300毫克/千克乙烯利溶液，促使枣吊和叶片脱落。短截1次枝和2次枝，疏除全部已落叶的木质化枣吊，并对剪口和枣股进行药剂处理，促使隐芽或枣股萌发新枝和新枣吊。

（4）二次果生产。枣吊二次萌发后，加强水肥管理，促进枣吊生长发育，花期若遇阴雨或干旱气候要及时覆膜避雨或增加湿度，增强保花保果能力。进入9月后，根据气温变化，当日均温低于16℃时开始覆膜、增温、补光。二茬果采收后逐渐撤膜，使树体进入自然休眠。

六、南方一年多熟技术要点

（一）树体调整

设施枣树发芽后要注意观察各枣头的生长发育状况，继续培养新主枝和中心干延长头，随时调整生长势和树冠的风光条件，并特别注意清除层间影响光照的枝条，剪除过密枝和不需要的枣头，及时抹芽、摘心、回缩枣头，防止其伸展过长，维持行间透光良好，改善室内光照条件。盛花后10天结合对新梢摘心，喷布15%多效唑300倍液，有利于缓解新梢生长与果实长育之间对养分的竞争，能提高坐果率、增大果个、调整枝条角度。

（二）肥水管理

枣树虽然较抗干旱，为了促进其生长发育，提高经济效益，土壤含水量应充足，所以应适当灌溉，灌溉可在行间沟内地膜下沟灌，每次灌水量不要太大。第一次灌溉在枣树发芽前进行；第二次在初花期，结合灌溉每亩冲施经过充分腐熟的粪稀500千克左右；第三次灌溉在坐果后进行，结合灌溉亩冲施腐熟的粪稀500千克+硫酸钾25千克；第四次灌溉在幼果迅速膨大期进行，结合灌溉冲施腐熟的粪稀700～800千克+硫酸钾45千克。

（三）花期管理

枣树花量较大，但其坐果率低，如不加强管理，难以丰产。(1) 花期放蜂，加强授粉。(2) 盛花期喷洒15～20毫克/千克赤霉素(920)+200倍红糖液+500倍硼砂药液1～3次，促进坐果。(3) 盛花末期喷洒一次20毫克/千克萘乙酸+0.3%磷酸二氢钾+0.7%红糖液提高坐果率。(4) 注意调整好温度和湿度。白天温度维持在28～32℃，夜间温度维持在12～15℃。空气湿度维持在80%左右，有利于花粉发芽提高坐果率。(5) 开甲。枣树盛花期时要对主干进行环状剥皮，俗称开甲，可提高坐果率。方法：用快刀在主干上环割两圈，深达木质部，两圈距离10厘米左右。

（四）喷洒叶面肥

叶面肥能显著提高枣树的抗病、耐低温等各种适应性能和枣树叶片的光合作用，在设施栽培中使用，效果显著。通常在枣树发芽后需要喷洒以氮肥为主的叶面肥，0.3%～0.4%尿素+0.2%～0.5%磷酸二氢钾，每12～15天一次，连续喷洒2～3次。以上措施可显著增强叶片的光合作用，提高树体营养水平，促进花芽分化，提高坐果率，为枣树丰产打下比较坚实的基础。枣树坐果后可结合喷药喷洒0.5%～1.0%过磷酸钙，1.0%～2.0%草木灰，0.5%硫酸钾，0.1%～0.2%硼砂，0.1%～0.2%硫酸锌，0.05%～0.1%硫酸锰，每15天左右一次连续喷洒

2～3次。可促进果实快速膨大，果面光亮，采收时，色泽鲜艳，其维生素和糖的含量显著提高，口感也好。

（五）疏花疏果

枣树虽然坐果率低，但因其花量特别多，开花时间长，设施管理水平高，其坐果数量往往大大过量，必须及时疏除，否则不但影响树体发育，而且果个小，品质差，经济效益低。（1）注意观察坐果情况，适时及时喷药疏花。当幼果数量平均每个枣股坐果4～5个时，结合防治红蜘蛛，树冠喷洒0.4～0.5°Bé石硫合剂，杀死剩余枣花，阻其继续坐果。（2）及早进行疏果，可先在结果初期多次摇动树干，促进授粉受精不良、营养水平较差、坐果不牢的幼果及早落掉。然后对余下的幼果去小留大，摘除畸形果，实行每个枣吊留1果，单吊单果，如果坐果数量不足，可适当留部分双果，使每个枣股总共保留3～5个果。疏果越早，其果实发育越快，枣个越大、品质越好、产量越高。

（六）人工补光

枣树设施栽培，发芽后其花芽分化、开花坐果期间正处于短日照时期，不利于枣树的生长发育、花芽分化和开花结果，应适当进行人工补光，延长光照时间。

（1）在地面铺设反光膜，墙壁及后坡张挂反光膜，改善设施内光照条件。

（2）及时拉揭草帘，晚覆盖草帘，尽量延长见光时间。

（3）在设施南北距离中间部位的顶部每30平方米架设一盏40～60瓦的日光灯或白炽灯，从放盖草帘的同时进行补光，使每天的见光时间延长至12小时左右，直至坐果后停止。

（七）二次结果技术

第一茬果采收后，经过7～10天恢复期，然后回缩枣头，摘除部分枣吊，促发新的枣吊，让其分化花芽，只要加强管理，可使其结二茬果，提高经济效益。

（八）增施气肥

为提高枣树的产量与品质，从落花后开始至颗粒成熟，每天上午9时左右，需增施二氧化碳气肥。若采用硫酸、碳酸氢铵反应法，前期碳酸氢铵的施用量可少些，每个塑料桶内，施用碳酸氢铵150～250克；后期随着果粒的增大，碳酸氢铵用量逐渐增多，每个塑料桶内施用碳酸氢铵250～450克；果实着色后可适当减少，每个塑料桶内施用碳酸氢铵200～250克。晴天施用量可大些，多云天气可适当减量，阴天可以不施用。也可增施二氧化碳气肥，每天上午8～10点期间在温室后部操作行上，用薄铁桶炉子点燃干树枝或木柴3千克左右每亩，流动足氧燃烧30分钟左右。

第五章
枣树设施栽培病虫害防治

第一节　病虫害防治原则

　　枣树分布地域广阔，因地理条件和气候的差异，各地枣区病虫种类不尽相同。据调查，枣树的病虫种类多达70余种，为害根、干、枝、叶、花和果实等，常造成大面积和局部地区红枣减产、绝产，甚至全株死亡。危害枣树的主要病虫害为：枣尺蠖、枣黏虫、桃小食心虫、食芽象甲、枣龟蜡蚧、枣锈壁虱、枣绮夜蛾、大青叶蝉、枣锈病、黑斑病、缩果病、枣疯病等。枣设施栽培为鲜枣生产创造了有利条件，但同时也为病虫害发生提供了便利条件。由于设施栽培是一个封闭式的生态小环境，且反季节生产，所以造就了温度高、湿度大、光照弱的特性，导致病虫害呈现发生早、时间长、蔓延快、危害大的特征。

　　枣树病虫害的防控首先要按照2020年5月1日起施行的《农作物病虫害防治条例》（中华人民共和国国务院令第725号）和农业农村部发布的《农药管理条例》（中华人民共和国农业农村部公告第269号）规定的要求开展。尽量按照《绿色食品农药使用准则》（NY/T 393—2020）中规定的绿色食品生产和储运中的有害生物防治原则农药选用、农药使用规范和绿色食品农药残留要求执行。

　　其次，对病虫害的防治要做到以防为主，综合嫁接苗选用、苗木定植、合理间作、温室内温湿度调控、增施有机肥、水肥协调管理等各个阶段采取相应的措施，加强树体的管理，合理负载，增强树势和树体抗病虫能力，达到效益最大化。如扣棚升温后至膨大期夜温极低，必须做好保温措施；花后期温度高，必须加大温室通风；同时根据天气情况及时调节温湿度。灌水最好在上午进行，阴天或下雨时不能灌水，灌水后及时喷药。

最后，综合利用人工、物理、生物、化学等防治方法，做好病虫害的综合防治工作。选择农药时，应根据天气情况及枣物候期选择制剂类型。花前期用粉剂型，果实生长期用水剂型。推广无农药防治技术，首选使用黄蓝粘虫板、杀虫灯、糖醋液等防治枣瘿蚊、食心虫等虫害。

第二节　虫害防治

一、食芽象甲

食芽象甲，别名枣飞象、太谷月象、枣月象、枣芽象甲、小灰象鼻虫，分布于北方枣区，是枣树的重要害虫之一。此外，还为害苹果、梨、核桃等树种。成虫食芽、叶，常将枣树嫩芽吃光，第 2 ～ 3 批芽才能长出枝叶来，削弱树势，推迟生育，降低产量与品质。幼虫生活于土中，为害植物地下部组织（图 5-1）。

图 5-1　食芽象甲（见彩图）

（一）形态特征

（1）成虫体长 4.3 ～ 5.5 毫米，头黑色，被灰白、土黄、暗灰色等鳞片，体呈深灰至土黄灰色，腹面银灰色。头管较短粗，背面中部略凹陷，触角膝状，着生在头管近前端，复眼紫红色，鞘翅略呈长方形，鞘翅上被有纵刻点列9～10条和模糊的褐色晕斑，腹部腹面可见5节。

（2）卵长椭圆形，长0.6毫米，宽0.3毫米，初产乳白色，渐变淡黄褐色，近孵化时黑褐色，堆生。

（3）幼虫体长4.0～5.0毫米，头淡褐色，胴部乳白色，前胸背面淡黄色，无足，体肥胖、各节多横皱略弯曲，疏生白色细毛。

（4）蛹体长4.0～4.4毫米，纺锤形，初乳白色，近羽化时红褐色。

（二）生活史及习性

北方枣区一年一代，以幼虫在树冠下的土壤中越冬。以山西晋中地区为例，4月上旬开始化蛹，4月中旬进入化蛹盛期，4月下旬为末期，蛹期12天。成虫于4月下旬羽化出土，4月底5月初为羽化盛期，此时对枣芽为害最为严重，6月上旬为羽化末期。5月上旬为成虫产卵始期，5月中下旬为盛期，6月上旬为末期，卵期11天。5月中旬幼虫孵化，幼虫孵化后即落地入土为害植物的地下部分，以后幼虫在30厘米深的土层中越冬。翌年春天气温升高后，再上升至地表下20厘米以内土层中活动，但主要位于地表下13厘米以内的土层中，占幼虫总数的90%以上。幼虫老熟时，多在地表下5厘米以内的土层中作土室化蛹，蛹主要分布在0～3厘米土层中，约占蛹总数的92.3%，最深不超过10厘米。

成虫的取食活动与气温有关，在羽化初期气温较低，成虫喜欢在中午取食为害，早晚则多在地面潜伏。随着气温逐渐升高，成虫多在早晚活动为害，中午静止不动。成虫在枣树刚萌芽时为害最烈，具有很强的假死性，受惊时则从树上坠落于地面。生产上常用震树方法调查虫口密度或者进行人工防治。

（三）防治措施

（1）春季土壤解冻时，选择调查树10～20株，每株在树冠下取1平方米样方，挖取20厘米深的样土，筛出幼虫，据幼虫数量推算出成虫的发生量。成虫发生期，早晨或傍晚在树冠下放一块塑料布，用木槌猛震树，将成虫震落于塑料布上，统计单位面积的虫口密度，早、晚震落捕杀成虫，树下要铺塑料布以便搜集成虫。

（2）4月下旬成虫开始出土上树时，用药物喷洒树干及干基部附近的地面，干高1.5米范围内为施药重点，应喷成淋洗状态；也可用其他残效期长的触杀剂高浓度溶液喷洒。或在树干基部60～90厘米范围内撒药粉，以干基部为施药重点，毒杀上树成虫效果好且省工，可撒5%倍硫磷粉剂、4%二嗪磷粉剂、2.5%

敌百虫粉剂等，每株成树撒150 ~ 250克药粉，撒后浅耙一下以免药粉被风吹走。喷药或撒粉之后，最好上树震落一次已上树的成虫，可提高防效减少受害。本项措施做得好，基本可控制此虫为害。

（3）成虫发生盛期，结合防治1 ~ 3龄枣尺蠖和初龄枣黏虫，树上喷药。常用药剂及浓度为：50%辛硫磷2000倍液，2.5%溴氰菊酯4000倍液，20%杀灭菊酯4000倍液或2.5%高效氯氟氰菊酯乳油5000倍液。

（4）春季成虫出土前在树干周围挖5厘米左右深的环状浅沟，在沟内撒5%甲萘威粉50克，毒杀出土成虫。成虫出土前，在树上绑一圈20厘米宽的塑料布，中间绑上浸有溴氰菊酯的草绳，将草绳上部的塑料布反卷，或者使用粘虫胶于树干中上部涂一个闭合粘胶环，阻止成虫上树。发芽期每隔10天撒粉1次，连撒3次效果较好。或在树下铺塑料布，捕杀震落之虫。

（5）结合枣尺蠖的防治，于树干基部绑塑料薄膜带，下部周围用土压实，干周地面喷洒药液或撒药粉，对两种害虫均有效。结合防治地下害虫进行药剂处理土壤，毒杀幼虫有一定效果，以秋季进行处理为好，可用5%辛硫磷颗粒剂、4%二嗪磷粉剂、5%氯丹粉剂等，每亩用药2.0 ~ 3.5千克。

二、枣尺蠖

枣尺蠖属鳞翅目尺蠖蛾科，又名枣步曲，俗名"顶门吃"。幼虫爬行时，身体呈"弓"形匍匐前进，故称"弓腰虫"或"步曲虫"。以幼虫为害幼芽、叶片，到后期转食花蕾，常将叶片吃成大大小小的缺刻，严重发生时可将枣树叶片食光，使枣树大幅度减产或绝产，是我国各枣区的主要害虫之一（图5-2）。

图5-2　枣尺蠖危害状及幼虫（见彩图）

（一）形态特征

（1）成虫雌蛾体长16～20毫米，身体肥胖，无翅，全体鼠灰色。触角丝状，有胸足3对，腹部末端具灰色绒毛一丛。雄蛾体长10～15毫米，翅展25～30毫米，体生灰褐色鳞毛。触角羽毛状，褐色，前翅有黑色波状横纹两条，后翅有波状横纹1条，其内有黑色斑点1个。

（2）卵扁圆形，径长0.8～1.0毫米，数十粒至万余粒聚集成块，初产淡绿色，表面光滑有光泽，后转为灰黄色，孵化前呈暗黑色。

（3）幼虫共5龄，1龄幼虫长约2毫米，黑色，有5条白色横纹。2龄体深绿色，体上有7条白色纵纹。3～5龄幼虫体上有13～25条灰白与黑色相间的纵条纹。老熟时体长37～40毫米，胸足3对，腹足和臀足各1对。

（4）蛹纺锤形，红褐色有光泽，雌蛹长14～19毫米，触角纹痕丝状。雄蛹长约10毫米，触角纹痕羽状。

（二）生活史及习性

枣尺蠖一年一代，极少数两年一代。以蛹在树冠下土中越冬越夏。翌年3月下旬至4月上旬，当"柳树发芽，榆树开花"之际，或"杏初花"之时，成虫开始羽化出土。4月下旬"苹果展叶，枣树萌芽"之时，成虫羽化出土进入盛期。5月上中旬"杏花落，榆钱散"之时，成虫羽化出土为末期。羽化出土期长达50多天，田间落卵初期在4月上旬，盛期在4月中下旬，末期在5月上中旬。4月下旬卵开始孵化，正值枣树萌芽展叶期。5月上中旬，枣树已经展叶，苹果正在落花，为田间卵孵化盛期。5月下旬，枣树初花，苹果坐果期为卵孵化末期。幼虫老熟后即入土化蛹越夏、越冬，5月中下旬至6月中旬结束。

成虫羽化后，雄蛾飞到树干主枝阴面静伏，雌蛾先在土表潜伏，傍晚大量出土爬行上树。成虫羽化后当日或次日交尾，交尾后当日或次日产卵，第2～3天为产卵高峰，每头雌蛾产卵1000粒左右，卵产于枣树主干、主枝粗皮裂缝内，卵期为22天。初孵幼虫出壳后，迅速爬行，具有明显向上、向高爬行的特性，遇惊吐丝下垂随风飘荡。一头幼虫平均食叶150片，食枣花559个。1～3龄幼虫为害较轻，4～5龄为暴食阶段，食量占幼虫期总含量的90%以上。防治时一定要消灭幼虫在3龄前或3龄阶段。幼虫期为32～39天，老熟幼虫入土化蛹前拉直躯体静伏，不受惊很少爬动，此时为捉拿枣尺蠖的好时机。

（三）防治措施

枣尺蠖是暴食性害虫，其防治策略：以阻止雌蛾及初孵幼虫上树为主，树上喷药杀死3龄前幼虫为辅。

（1）早春土壤解冻后，选树10～20株，在树冠下挖1平方米样土，深10厘米，筛出越冬蛹，推算株虫口密度，以确定不防治区（0～1头/株）、一般防治区（2～4头/株）和重点防治区（5头/株以上）。幼虫为害初期，按不同地类，每类选树10～20株，每树选一个结果枝组检查幼虫数，或者在地上铺塑料布，早晨猛摇树枝，使幼虫吐丝下垂，分龄期记载，推算单株虫量和各龄期头数。当2龄幼虫为盛期时，喷药最适宜。根据多年经验，"柳树发芽，榆树开花"枣尺蠖成虫开始羽化。"苹果展叶，枣树萌芽"枣尺蠖成虫大量羽化。"枣树发芽"枣尺蠖幼虫开始孵化。"枣展叶"枣尺蠖幼虫大量发生。"枣初花"枣尺蠖卵孵化完毕。

（2）春季（3月中旬前）在树干周围直径1米，深10厘米范围的土层内挖越冬蛹。初冬或早春翻刨树埯时注意拣拾越冬蛹。果园秋翻灭蛹。

（3）在枣尺蠖成虫羽化出土前，于树干基部绑一圈8～10厘米宽的塑料薄膜，接头处用订书针固定或塑料胶粘合。要求塑料薄膜与树干紧贴，无缝隙，若有空隙，可用湿土填实，膜的下缘用土压实，周围撒布2.5%敌百虫粉，阻止雌蛾上树，为防治的第一个关键环节。在地上卵块即将孵化前，在塑料带上缘涂一圈由黄油10份、机油5份、菊酯类药剂1份混配而成的粘虫药膏，可全部粘杀上树幼虫，为防治的第二个关键环节。做好上面两个环节，可收到树上不打药即可控制枣尺蠖为害的效果。

（4）没有及时采用上述措施，或者还有遗漏的枣尺蠖在树上为害，可在枣树芽长至3厘米时喷药。如果需要喷第二次药，可在枣树枣吊长到5～8厘米时喷施。或者直接检查树上为害的幼虫，根据龄期选定打药时机。"初见一龄不用急，幼虫孵化不整齐。进入二龄虫子多，此时打药最适宜。三龄幼虫食量增，突击打药不放松。四龄五龄属漏网，人工捉拿消灭净。"虫龄越大，为害性越强，抗药性也越强，防治效果变差。因此，枣农应掌握和区别不同龄期幼虫的形态差别，重点放在防治2龄幼虫。常用药剂和浓度为：2.5%高效氯氟氰菊酯乳油4000倍液或20%戊菊酯乳油3500倍液、20%甲氰菊酯乳油3500倍液、50%S-氰戊菊酯乳油4000倍液；也可用50%杀螟硫磷乳油1000倍液。在3龄幼虫之前喷洒1500倍25%灭幼脲3号或2000倍20%虫酰肼药液1～2次；也可在幼虫发生盛期用拟除虫菊酯类混加Bt（苏云金杆菌）乳剂或灭幼脲防治。

（5）利用雌蛾不会飞的特性，于3月中下旬在树干上缠塑料薄膜或纸裙，阻止雌蛾上树交尾产卵，每天早晚组织人力逐株捉蛾，可明显地压低幼虫发生量。

塑料薄膜或纸裙宽约6厘米，在树干距地面30 ~ 60厘米处围树干一周，或用粘虫胶。

（6）树干上缠塑料薄膜或纸裙后，雌蛾不能上树，多集中在薄膜或纸裙下的树皮缝内产卵，可采用撬开粗皮刮卵或在塑料条下捆草绳两圈诱集雌蛾产卵，并每过半月换1次草绳集中烧毁的方法消灭虫卵。

（7）抗脱皮激素是一种几丁质合成的抑制剂，通过抑制昆虫表皮几丁质的沉积，使昆虫不能正常脱皮或变态，并能抑制卵内胚胎发育过程中几丁质的形成。使卵不能正常孵化，对昆虫生殖力也有一定抑制作用。

（8）用苏云金杆菌加水兑成每毫升含0.1亿 ~ 0.25亿个孢子的菌液，在幼虫期喷洒，如在菌液中加十万分之一的敌百虫效果明显提高。

三、蓟马

蓟马是昆虫纲缨翅目的统称。幼虫呈白色、黄色或橘色，成虫黄色、褐色或黑色；取食植物汁液或真菌。体微小，体长0.5 ~ 2毫米，很少超过7毫米。它们常以锉吸式口器锉破植物的表皮组织吮吸其汁液，引起植株萎蔫，造成籽粒干瘪，影响产量和品质。

（一）形态特征

成虫黑色、褐色或黄色；头略呈后口式，口器锉吸式，能挫破植物表皮，吸吮汁液；触角6 ~ 9节，线状，略呈念珠状，一些节上有感觉器；翅狭长，边缘有长而整齐的缘毛，脉纹最多有两条纵脉；足的末端有泡状的中垫，爪退化；雌性腹部末端圆锥形，腹面有锯齿状产卵器，或呈圆柱形，无产卵器。

（二）生活史及习性

蓟马一年四季均有发生，春、夏、秋三季主要发生在露地，冬季主要在温室大棚中，危害茄子、黄瓜、芸豆、辣椒、西瓜等作物。发生高峰期在秋季或入冬的11 ~ 12月份，3 ~ 5月份则是第二个高峰期。雌成虫主要进行孤雌生殖，偶有两性生殖，极难见到雄虫。卵散产于叶肉组织内，每雌产卵22 ~ 35粒。雌成虫寿命8 ~ 10天。卵期在5 ~ 6月份为6 ~ 7天。若虫在叶背取食到高龄末期停止取食，落入表土化蛹。

蓟马喜欢温暖、干旱的天气，其适温为23 ~ 28℃，适宜空气湿度为40% ~ 70%；湿度过大不能存活，当湿度达到100%，温度达31℃时，若虫全部死亡。在雨季，如遇连阴多雨，叶腋间积水，能导致若虫死亡。大雨后或浇水后致使土壤板结，使若虫不能入土化蛹和蛹不能孵化成虫。

（三）防治措施

1. 农业防治

早春清除田间杂草和枯枝残叶，集中烧毁或深埋，消灭越冬成虫和若虫。加强肥水管理，促使植株生长健壮，减轻危害。

2. 物理防治

利用蓟马趋蓝色、黄色的习性，在田间设置蓝色粘板，诱杀成虫，粘板高度与作物持平。

3. 化学防治

使用吡虫啉、啶虫脒等常规药剂，防效逐步降低；可以使用25%噻虫嗪（大功牛）喷雾，但要提高使用量，如800倍喷雾，同时可以微乳剂类的阿维菌素桶混使用。

4. 防治要点

（1）根据蓟马昼伏夜出的特性，建议在下午用药。

（2）蓟马隐蔽性强，药剂需要选择内吸性的或者添加有机硅助剂，而且尽量选择持效期长的药剂。

（3）如果条件允许，建议使用药剂熏棚和叶面喷雾相结合的方法。

（4）提前预防，不要等到泛滥了再用药。在高温期间种植，如果没有覆盖地膜，药剂最好同时喷雾植株中下部和地面，因为这些地方是蓟马若虫栖息地。

（5）蓟马施药小技巧：蓟马的活动有两种形式，一种是叶蓟马（在南方称头蓟马），在叶上或者生长点上活动；另一种是花蓟马，在花里活动。如果是叶蓟马，观察活动规律，看什么时间段虫多就什么时间打药，如果是花蓟马，一定要早起9点前施药，因为早起花是张开的，打药的时候用喷雾器托着向上打，效果是最好的，如果下午打花蓟马，花朵已经闭合，效果没有早起打好，如果是早起打的话，当天下午看就会死虫70%以上，第二天下午看的话基本死完。药有两种杀虫方式，一种是触杀，另一种是胃毒，行业内讲究能触杀不胃毒，也就是尽量做触杀，触杀不到的才用胃毒。

四、枣瘿蚊

枣瘿蚊（图5-3至图5-5）又名枣蛆、卷叶蛆。分布于河北、陕西、山东、山西、河南等各地枣产区。以幼虫吸食枣或酸枣嫩芽和嫩叶的汁液，并刺激叶肉组织，使受害叶向叶面纵卷呈筒状，被害部位由绿变为紫红，质硬发脆，后变黑枯萎。枣苗和幼树枝叶生长期长，受害较重。

图5-3 枣瘿蚊危害叶片
（见彩图）

图5-4 枣瘿蚊幼虫
（见彩图）

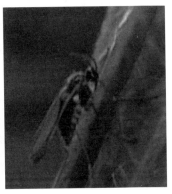
图5-5 枣瘿蚊
（见彩图）

（一）形态特征

（1）成虫体橙红色或灰褐色，体长1.5毫米，翅展3.0～4.0毫米。头部黑色，位于前胸前下方，似小蚊。足3对，细长，黄褐色，疏生细毛。

（2）卵长椭圆形，长约0.3毫米，淡红色，有光泽。

（3）老熟幼虫体长2.5～3.0毫米，乳白色，头尾两端细，体肥圆，有明显体节。头褐色、很小，近化蛹时渐变淡黄色。

（4）茧长约2.0毫米，以白色丝做成薄茧，略呈椭圆形，质软，茧外缀结小土粒，形成如小米粒大的土茧。

（二）生活史及习性

在河北、河南、山东一年5～6代，以幼虫做茧在树下深2～5厘米土壤处越冬。翌年枣芽萌动后越冬幼虫到近地面处做茧化蛹。2周左右羽化为成虫，交尾产卵。幼虫为害嫩芽及幼叶，被害叶缘向上卷曲而不能展开，幼虫在卷曲叶中取食，5月上旬为危害盛期，每叶内数条虫同时为害，5月中下旬被害严重叶开始焦枯，老熟幼虫随落叶入土化蛹，6月上旬羽化成虫，成虫羽化后十分活跃，全年有5次以上明显的危害高峰。5～6月份为害最重。

（三）防治措施

（1）在老熟幼虫做茧越冬后，翻挖树盘消灭越冬成虫或蛹。

（2）枣芽萌动期，树下地面喷洒25%辛硫磷微胶囊剂200～300倍液，用药后轻耙，毒杀越冬出土幼虫。发芽展叶期，在树上喷洒50%二溴磷乳油600 ~ 800倍，每隔10天1次，连喷2 ~ 3次，注意展叶后的用药浓度应降低。还可采用25%灭幼脲悬乳剂1000 ~ 1500倍液，10%氯氰菊酯乳油2000 ~ 3000倍液，20%氰戊菊酯乳油1000 ~ 2000倍液，2.5%溴氰菊酯乳油2000 ~ 4000倍液，20%水胺硫磷乳油400 ~ 500倍液，25%噻嗪酮可湿性粉剂1000 ~ 1500倍液。

五、桃小食心虫

桃小食心虫（图5-6），别名桃蛀果蛾，简称桃小，俗称"枣蛆"。北方枣区普遍发生，水地较旱地严重。以幼虫为害枣果，在果内绕核串食，虫粪留在果内，造成"豆沙馅"。被害果容易提前脱落，以致失去食用价值。幼虫蛀果后2 ~ 3天由针尖状的蛀孔处流出白色黏液，黏液干涸后在入果孔处留下一点白色蜡质物，随着果实的生长，入果孔愈合成一个小黑点，周围的果皮略呈凹陷，为识别被害果的主要特征。此外，桃小食心虫还为害苹果、桃、梨等树种的果实。

图5-6　桃小食心虫（见彩图）

（一）形态特征

（1）成虫体长5 ~ 8毫米，翅展13 ~ 18毫米，全体灰白色或浅灰褐色。前翅前缘中部有一蓝黑色近乎三角形的大斑，翅基部及中央部分有七簇黄褐色或蓝褐色的斜立鳞片。雌、雄颇有差异，雄虫触角每节腹面两侧具有纤毛，雌虫触角无此种毛；雄虫下唇须短，向上翘，雌虫下唇须长而直，略呈三角形，后翅灰色，纤毛长且呈浅灰色。

（2）卵深红色，竖椭圆形或桶形，以底部黏附于果实上。卵壳上具有不规则椭圆形刻纹，卵顶部四周处环生 2 ~ 3 圈 "Y" 形刺毛。卵初产橙红色，渐变深红色。

（3）老龄幼虫体长 13 ~ 16 毫米，全体桃红色，头部黄褐色，前胸侧毛组具二根刚毛，腹足趾钩排成单序环 10 ~ 24 个，臀足趾钩 9 ~ 14 个。

（4）蛹体长 6.5 ~ 8.6 毫米，全体淡黄白色至黄褐色，体壁光滑。

（5）越冬茧长约 6 毫米，为幼虫吐丝缀合土粒而成，质地紧密，形状为扁圆形。夏茧也称蛹化茧，长约 13 毫米，一端留有准备成虫羽化的孔。

（二）生活史及习性

以一年一代为主，少数两代。以老熟幼虫在树干周围深 3 ~ 10 厘米土层中做冬茧越冬，在华北、西北地区，桃小越冬幼虫出土盛期在 6 月下旬至 7 月上旬，越冬幼虫出土高峰不受上年脱果时间的影响，而关键受翌年出土期土壤湿度的影响，降水量大时出土量大。在山西吕梁地区，越冬幼虫 6 月下旬出土，在树干基部近土壤、石块下或草根旁做 "夏茧" 化蛹，越冬幼虫从出土至化蛹和羽化所需的时间为 11 ~ 22 天。越冬代成虫在 7 月下旬至 8 月上旬初进入羽化盛期，卵产在叶片背面基部和果实的梗凹处，卵期为 7 天，幼虫孵化后蛀入果内为害，8 月上中旬蛀果为害最重，老熟幼虫在 8 月中旬开始脱果，9 月底止。

桃小成虫飞翔力不强，白天静伏于枝叶背面和草丛中，日落以后稍见活动，深夜最为活泼。对灯光和糖醋液均无趋性，但趋异性极强。幼虫孵化后，先在果面爬行 30 分钟至数小时，选择适当部位咬破果皮，将皮屑放于蛀果孔周围，并不吞食，故用胃毒剂防治效果极差。桃小食心虫无转果为害习性，一虫在一生中只为害一果。在一年发生一代的枣区，老熟幼虫脱果落地后做冬茧越冬；一年发生两代枣区，老熟幼虫脱果后在地表做长茧化蛹、羽化、产卵、孵化，幼虫继续蛀果为害，老熟后脱果落地做冬茧越冬。

（三）防治措施

桃小食心虫一旦蛀果后很难防治，因此蛀果前的防治十分重要。目前，生产上桃小食心虫的防治策略：采用树下防治和树上防治相结合的方法，并仍以药剂防治为主。掌握两个用药关键期：一是越冬幼虫出土盛期前地面施药，二是第一代成虫上树产卵盛期打药。

（1）选上一年受害最严重的枣园，确定调查树 10 ~ 20 株，清洁树盘并耙平，每株树盘下摆 10 ~ 15 块瓦块，诱集出土幼虫潜入下面化蛹茧。从发现出土幼虫后，每天定时观察记载一次，如连续出土应立即发出预报，在 10 ~ 15 天内撒药。因桃小食心虫出土受土壤湿度影响很大，有时开始出土后又中断，降雨后又出土，如遇此情况，开始少量出土的幼虫不算，从再次出土算起。

（2）选一上年为害严重的枣园，按不同方位设置，挂3～5个诱虫碗，每个相距30米，每天清晨检查诱入的雄蛾数。诱蛾高峰后8天左右，为幼虫大量孵化蛀果期，喷药宜在诱蛾高峰后5～7天进行。其次在枣园诱虫中发现，当诱到第一头雄蛾时，正值越冬桃小食心虫幼虫出土盛期，此时为地面施药的有利时机，这一点在处理越冬出土幼虫上是有参考价值的。

（3）消灭越冬幼虫。将树冠以外的土取下，培于树干四周，培土范围以树冠大小为准，重点在树干周围100厘米，培土厚度约30厘米，培土时间应在越冬幼虫出土盛期（6月上中旬）枣园培土后，可使土中幼虫或蛹100%窒息死亡，拍打结实，或在树干周围半径100厘米以内地面覆盖地膜，能抑制幼虫出土、化蛹、羽化。

（4）在有条件的地方，结合枣园其他管理，随时将蛀虫果摘除。同时，第一代桃小食心虫蛀果后常常引起落果，果实脱落时桃小幼虫绝大多数尚未脱果，若能见落果就经常捡拾，及时深埋处理，就能消灭大量第一代幼虫。

（5）桃小幼虫出土初、盛期，在有条件的平地枣园，首先清除杂草、平整地面，然后选择在土壤中残效期长、药效好的药剂，均匀施在树冠下地表，树干周围附近1米范围内，药量宜大，出土初、盛期各施一次。地面处理常用的药剂及浓度为：25%对硫磷微胶囊剂100倍液，或40%甲基异硫磷乳剂100倍液，或5%甲萘威粉剂每株25克，或50%辛硫磷乳油200～300倍液。喷后立即耙地，将药耙入土中，半月后再喷洒一次，可有效地防治桃小食心虫。

（6）通过性诱剂测报，以选择杀卵、低毒、高效、残效期长的药剂为宜。在诱蛾高峰后5～7天进行树上喷药，常用药剂及浓度为：2.5%溴氰菊酯4000～6000倍液，20%杀灭菊酯3000～4000倍液，50%杀螟硫磷乳剂800～1000倍液，10%氯氰菊酯乳油3000～4000倍液；50%马拉硫磷800倍液；75%辛硫磷2000倍液；50%久效磷乳油2000～3000倍液；50%甲胺磷乳油1500倍液。在卵果率达1%或卵孵化初期选用20%枣虫清1500～2000倍液等药剂喷雾防治。

根据地面防治情况、虫口密度、气候条件，决定树上喷药的次数。全年一般年份7月中下旬和8月中下旬，分别为第一、第二代成虫发生盛期，共喷2～3次，间隔时间为10～13天，基本可杜绝桃小食心虫为害。

六、龟蜡蚧

龟蜡蚧（图5-7）属同翅目坚蚧科。别名日本龟蜡蚧、龟甲蚧、树虱子等，为世界性害虫，在全国枣区分布较广，部分枣园发生较严重。以若虫和成虫刺吸叶片与1～2年生枝条汁液，并排泄黏液污染叶片和果实，影响光合作用，使树势削弱，发生严重的枣园，造成大减产。龟蜡蚧寄主植物有枣、柿、苹果、梨、桃、杏、李、柑橘、枇杷、石榴、无花果、黄杨、桑、柳等树种，北方以枣和柿发生严重。

图5-7　龟蜡蚧（见彩图）

（一）形态特征

（1）受精雌虫椭圆形，产卵时体长3.0毫米左右，宽2.0～2.5毫米，外披蜡壳，灰白色，背部中间隆起，表面有龟甲状凹陷，形似龟甲。雄成虫棕褐色，体长约1.3毫米，翅透明，翅展2.2毫米，两条翅脉明显。

（2）卵椭圆形，长约3.0毫米，初产时淡黄色，逐渐变为深红色，孵化前呈紫红色。

（3）初孵化若虫体扁平，椭圆形，长约5.0毫米，触角丝状，复眼黑色，足3对，在叶面固定12小时后出现白色蜡点，随生长发育，逐渐形成蜡壳，生长后期，蜡壳加厚，雌雄若虫形状可明显区分。雌若虫形似雌成虫，雄若虫椭圆形。

（二）生活史及习性

一年发生1代，以受精雌虫大部分在1～2年生枝上越冬，翌年4～5月份继续发育，虫体逐渐增大。在山西晋中地区，6月上旬开始产卵，每雌虫可产卵1000多粒，气温23℃左右时为产卵盛期，卵期20～30天，6月下旬开始孵化若虫，7月上中旬为孵化盛期，7月下旬孵化基本结束。若虫孵化后先在叶上吸汁危害，被蜡前借风传播蔓延，4～5天后产生白色蜡壳，固着危害，8月上旬雌雄分化，中旬雄虫在壳下化蛹，蛹期15～20天，9月上旬雄成虫羽化，中下旬为羽化盛期，寿命3天左右，有多次交尾习性，交尾后很快死亡。雌成虫从8月份开始至10月上旬，陆续从叶片向枝条上转移固定越冬。

（三）防治措施

（1）休眠期结合冬季修剪剪除虫枝，雌成虫孵化前用刷子或木片刮刷枝条上成虫。

（2）利用天敌灭虫：龟蜡蚧天敌很多，调查发现，枣园间作小麦，麦收后大批瓢虫转移到枣树上捕食孵化的若虫，可有效地减轻危害。

（3）生物防治：产卵期树上喷苏云金杆菌、青虫菌等生物农药进行防治。

（4）药剂防治：7月份若虫孵化期喷如下药剂防治，25%氯氰菊酯1000倍液，或25%亚胺硫磷400倍液，或50%甲萘威500倍液，或20%杀灭菊酯6000～7000倍液，或发芽前喷10%柴油乳剂。

七、红蜘蛛

枣树红蜘蛛属蛛形纲，蜱螨目，叶螨科。又称火龙虫、朱砂叶螨、棉红蜘蛛，南北各枣区均有发生，除危害枣树外，还为害棉花、豆类、茄子等大田植物和桑树、桃树等树木。

各地发现危害枣树的红蜘蛛（图5-8）有截形叶螨和朱砂叶螨两种，以截形叶螨为主。枣树红蜘蛛（图5-9）以成螨、幼螨和若螨集中在叶芽和叶片上取食汁液为害，被害植株初期叶片出现失绿的小斑点，后逐渐扩大成片，严重时叶片呈枯黄色，提前落叶、落果，引起大量减产和果实品质下降。

图5-8 枣树红蜘蛛危害叶片（见彩图）

图5-9 枣树红蜘蛛（见彩图）

（一）形态特征

（1）成螨椭圆形，锈红色或深红色，背毛26根，有足4对。雌成螨长约0.48毫米，体两侧有黑斑2对。雄成螨长约0.35毫米。

（2）卵圆球形，直径约0.13毫米。初产时无色透明，孵化前变微红色。

（3）幼螨近圆形，有足3对，长约0.05毫米，浅红色，稍透明。成若螨后有足4对。

（二）生活史及习性

在河北中部一年发生13代（包括越冬卵1代），以卵在枣树树干皮缝、地面土壤及草根缝隙中越冬。翌年春季3月初越冬卵开始孵化。由于此时枣树尚未发芽，初孵化幼螨需要转移到地面寻找并附着在早春萌生的杂草上取食和繁殖。到4月中下旬枣树发芽时，部分红蜘蛛向枣树迁移，部分在杂草和间作物上继续繁殖为害，到6月中旬前后，由于大量杂草寄主老化，已经不适合枣树红蜘蛛的取食和繁殖，红蜘蛛大量向枣树上迁移，以后主要在枣树上繁殖，逐渐形成危害，到10月中下旬天气变冷，红蜘蛛开始产卵越冬。北方地区每年发生12～15代，南方各枣区每年发生18～20代。以雌成螨和若螨在树皮裂缝、杂草根际和土缝隙中越冬。翌年3月中下旬～4月中旬，枣树萌芽时出蛰为害活动。该虫除两性生殖外，还有孤雌生殖习性，成螨一生可产卵50～150粒，卵散产，多产于叶背。成螨、若螨均在叶片背面刺吸汁液为害。6～8月份是该虫发生高峰期，高温、干旱和刮风利于该虫的发生和传播，气温高于35℃时，停止繁殖。强降雨对其繁殖有抑制作用。10月中下旬，开始越冬。

（三）防治措施

（1）利用枣红蜘蛛以卵在枣树树干皮缝、地面土壤及草根缝隙中越冬的习性，冬春季刮树皮、铲除杂草、清除落叶，结合施肥一并深埋，并仔细进行树干培土拍实，消灭越冬雌虫和若虫。

（2）发芽前夕树体细致喷洒3～5°Bé石硫合剂或200倍阿维柴油乳剂，最大限度地消灭越冬虫源。

（3）利用枣树红蜘蛛转移的主要途径是沿树干爬行的习性。可在枣树发芽前和枣树红蜘蛛即将上树危害前（约4月下旬），应用无公害粘虫胶在树干中部涂一闭合胶环，环宽1～2厘米，如虫口密度大，2个月左右再涂一次，即可阻止枣树红蜘蛛向树上转移为害，防治率达到99.9%以上，减少用药4～5次。

（4）5月下旬若螨发生盛期，树冠细致喷洒3000倍2%阿维菌素液，或2000倍20%哒螨灵乳油液，或2000倍28.3%噻螨·特乳油液，或1000倍10%

浏阳霉素乳油液，或1000 ～ 1500倍25%三唑锡可湿性粉剂液1 ～ 2次。

（5）枣红蜘蛛天敌种类有中华草蛉、食螨瓢虫和捕食螨类等，其中尤其以中华草蛉种群数量较多，6月中下旬草蛉开始向枣树上迁移，此后应尽量减少向枣树喷施广谱性杀虫剂，保护利用天敌进行控制虫害。

八、枣黏虫

枣黏虫（图5-10），别名枣镰翅小卷蛾，俗称贴叶虫、卷叶虫。枣黏虫在多数枣区均有发生，是枣树的主要害虫之一。前期枣树展叶时，幼虫吐丝缠缀嫩叶，躲在其中食害叶肉，花期幼虫钻在花丛中，吐丝缠缀花序，食害花蕾，咬断花柄，造成落花，并蛀食幼果，引起大量落果。后期幼虫吐丝将叶和果实粘在一起，在粘叶下面蛀果成孔洞，雨后进水造成果实腐烂和未熟先落，严重影响产量和质量。

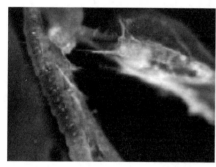

图5-10　枣黏虫（见彩图）

（一）形态特征

（1）成虫体长6 ～ 7毫米，翅展13 ～ 15毫米，全体灰褐黄色。触角丝状。前翅褐黄色，前翅前缘有黑褐色短斜纹十余条，中央有两条黑褐色纵条纹，顶角伸出，尖端稍向下弯曲，呈勾翅形；外缘色略深，排列着稠密的细长缘毛。足黄色，跗节略显褐色环纹，雄成虫尾端有毛束。

（2）卵椭圆形或扁圆形，长约0.6毫米，表面有网状纹。初产时乳白色，后变为黄色、杏黄色，以后逐渐转红，最后变为橘红色。

（3）幼虫共5龄，初孵幼虫体长1毫米左右，头部黑褐色，胸腹部黄白色渐成黄绿色。老熟时体长10 ～ 15毫米，头部褐色，胸腹部黄色，前胸背板赤褐色，分为两片，两侧与前足各有赤褐色斑两个，腹末节背面有"山"形赤褐斑纹。胸足3对，褐色。腹足4对，尾足1对，近白色。

(4) 蛹纺锤形，体长6～8毫米，藏于白色薄茧之中，初始时绿色，逐渐变为褐色。腹部各节前后缘各有一列锯齿状刺突，前面一排粗大，后面一排细小，起止达气门线。尾端有8根臀刺呈长毛状，末端弯曲。

（二）生活史及习性

枣黏虫年发生代数因地区而异。河北、山东、陕西、山西一年发生三代，河南、江苏等地一年发生四代，均以蛹在枣树主干的粗皮裂缝、树洞内及根系表土内越冬。北方地区，越冬代成虫翌年3月中下旬开始羽化，4月中旬进入羽化盛期，5月上旬为末期。第一代成虫发生的初、盛、末期分别为6月上旬、6月中旬、6月下旬及7月上旬；第二代成虫发生的初、盛、末期分别为7月中旬、7月下旬至8月上旬、8月中旬至下旬。第一、二、三代卵分别出现在4月上旬、6月上旬及7月下旬。第一、二、三代幼虫孵化期分别为4月中下旬、6月上旬及7月末，第一、二、三代蛹分别出现于5月下旬、7月上旬和9月末。

成虫白天潜伏在枣叶背面或枣树下的低矮植物和杂草上，黎明和傍晚开始活动。性诱能力强，对黑光灯趋性强，单趋化性差。越冬代成虫卵多产于1～2年生枝条和枣股上，第一、二代成虫卵则多产于叶正面中脉两侧。卵多散产，偶尔也有3～5粒产在一起的。

各代幼虫对枣树的为害部位随着枣树不同的生育期各有不同。第一代幼虫发生在枣树发芽展叶阶段，幼虫集中为害枣芽和嫩叶，造成枣树迟迟不能发芽长叶。枣树展叶期是全年第一次药剂防治的适期，也是全年防治的关键时期，此次防治及时细致，可以控制全年为害。第二代幼虫发生在枣树花期及幼果期，幼虫主要为害花蕾、花及幼果，造成大量落花、落果，直接影响当年产量。此外，也为害叶片。枣树现蕾前后是第二次药剂防治适期。第三代幼虫发生在枣果着色期，主要为害枣果，也为害叶片。

（三）防治措施

枣黏虫一年发生3～4代，为害期较长，其防治策略：利用老熟的幼虫在树皮裂缝内越冬的习性，采用人工刮树皮、束草诱集等方法压低虫口密度，在枣黏虫幼虫发生高峰时，采用化学药剂，重点防治第一代幼虫。

(1) 落叶后选10～20株枣树，检查主干分杈处老皮缝内和树洞越冬蛹量，推算次年枣黏虫的发生量和为害情况。选有虫卵的小枝标注卵数，共选虫卵100～200粒，从接近发芽时期起，每隔两天检查一次，算出累计孵化率。孵化率达30%～50%时，为第一次喷药适期；孵化率达80%时，为第二次喷药适期。第二代卵的调查部位改为枣叶，方法同上。

（2）在秋季或早春枣树休眠期，人工彻底刮树皮、堵树洞、主干涂白来消灭越冬蛹。各地实践证明，如果刮树皮彻底、细致、周到，防治效果可达80%～90%。枣树粗皮较厚，裂缝多而深，害虫潜藏得多，刮树皮时宜重刮、深刮，要刮到红色内皮，但不能露出白色内皮，以免损伤树势，遭受冻害。刮树皮时先在树干周围铺麻袋或塑料布，把刮下的粗皮、翘皮碎屑和害虫等集中带走处理。刮树皮一般每隔一两年进行一次。

（3）重点掌握第一代幼虫初、盛期喷药，是消灭此虫的主要环节。当枣芽长3厘米时喷第一次药，此时枣芽尚小，易于喷药，枣黏虫发生较整齐，防治效果好。枣芽长5～8厘米时，第一代幼虫绝大多数孵化，可喷第二次药。常用药剂及浓度为：50%辛硫磷3000倍液，50%杀螟硫磷1500倍液或菊酯类农药3000～4000倍液。5月下旬至6月初，对喷药后遗留的虫苞及时摘除。也可在发芽展叶期喷洒2.5%溴氰菊酯2000倍液，或25%氯氰菊酯1000倍液，或20%速灭杀丁乳油2000倍液等。隔2周喷一次。花后如发现第二代幼虫再酌情喷药。幼虫发生期树冠喷施杀螟杆菌等微生物农药200倍液。

（4）秋季老熟幼虫下树化蛹越冬前，即9月上旬以前，在树干靠近分杈处绑草把，将树干围严，草厚在3厘米以上，诱集越冬幼虫。11月以后解下草把，并将贴在树皮上的虫茧刮掉，集中烧毁。利用成虫趋光性强的习性，在成虫发生期，于晚间用黑光灯诱杀成虫。在第二、三代枣黏虫成虫发生期，利用人工合成的枣黏虫性诱剂，可消灭大量雄蛾。

（5）在枣黏虫第二、三代落卵盛期每株枣树释放赤眼蜂3000～5000头，卵寄生蜂可达75%左右。

（6）摘黏虫包。摘虫包时间，以5月下旬至6月初为宜，可收到控制危害的效果。每次喷药以后，也应及时摘除遗漏虫包。

九、绿盲蝽

绿盲蝽（图5-11）又名小臭虫、破头疯、花叶虫，属半翅目、盲蝽科。危害枣树芽、叶、花和果实，为刺吸式害虫。绿盲蝽的发生与环境温湿度有密切关系，低温高湿时虫口密度直线上升，已成为枣树的重要害虫。

图5-11 绿盲蝽（见彩图）

（一）形态特征

（1）成虫体长5毫米，宽2.2毫米，绿色、密生短毛。头部三角形，黄绿色，复眼黑色突出，触角4节丝状，长度为体长的2/3，第二节长于3、4节之和，由第1节到第4节颜色由浅渐深，第1节黄绿色、第4节黑褐色。前胸背板深绿色，上布多个小黑点，前缘宽。小盾片三角形，微突，黄绿色，中央有1浅纵纹。前翅膜片半透明、暗灰色，足黄绿色，后足腿节末端有褐色环斑，雌虫后足腿节较雄虫短，末端黑色。

（2）卵长1毫米。黄绿色，长口袋形，卵稍弯曲似香蕉状。

（3）2龄若虫黄色，3龄长出翅芽，4龄翅芽超过第一腹节，2、3、4龄触角端部和足端部黑褐色，5龄若虫与成虫相似，初始绿色，复眼桃红色，后全体鲜绿色，密被黑细毛，触角淡黄色，端部色渐深，眼灰色。

（二）生活史及习性

绿盲蝽在华北地区一年发生4～5代，以卵在冬夏剪口、抹芽的枯梢顶端（变腐软）、蚱蝉产卵孔的空隙、枣股鳞片、嫁接接口以及枯死的接穗等处越冬，翌年3～4月份，平均气温10℃以上，相对湿度达70%左右时，越冬卵开始孵化。气温20～30℃，相对湿度80%～90%的高温高湿气候，容易猖獗发生。第一代发生盛期为5月上旬，为害枣芽；第二代发生盛期为6月中旬，为害枣花及幼果，是为害枣树最重的一代。第三、四、五代发生时期分别为7月中旬、8月中旬、9月中旬，世代重叠现象严重。常以若虫和成虫刺吸枣树的幼芽、嫩叶、花蕾及幼果，被害叶芽先呈现失绿斑点，随着叶片的伸展，小点逐渐变为不规则的孔洞，俗称"破叶疯""破天窗"；花蕾受害后，停止发育，枯死脱落，重者其花几乎全部脱落；幼果受害后，有的出现黑色坏死斑，有的出现隆起的小疱，其果肉组织坏死，大部分停止生长发育而脱落，严重影响产量。枣果被爬行刺吸后易产生缩果病。

（三）防治措施

（1）在秋冬季节（越冬卵孵化前）刮树皮，剪除残病枝，并集中烧毁或深埋，消灭越冬虫卵、压低虫口基数。有间作习惯的枣园，在选择间作植物时应避免选用棉花、玉米、大豆、白菜、油葵等，并及时清理周边杂草，减少绿盲蝽的寄生植物。

（2）根据若虫无翅完全依靠爬行，绿盲蝽食性杂、分布广、成虫受惊飞行迅速的习性，应用粘虫胶树干涂环与喷雾防治相结合，可以有效控制其危害。在早春越冬卵孵化期和成虫上树危害期，使用粘虫胶于树干中上部涂一个闭合粘胶环，通过粘虫胶环的阻杀，达到保护枣树的目的。对枣树树冠和周围喷洒1.2%烟碱·苦参碱乳油1500倍液+20%吡虫啉可溶性液剂2000倍液混合液，或5%高效氯氰菊酯乳油2500倍液+5%啶虫脒乳油3000倍液混合液，或1.9%甲维盐乳油3000 ~ 4000倍液。

十、皮暗斑螟

皮暗斑螟目前几乎遍布全国各个地区，以幼虫为害枣树开甲口和其他伤口，造成甲口不能完全愈合或断离，树势明显减弱，落果，产量和质量降低，重者导致整株树死亡。

（一）形态特征

（1）成虫体长5 ~ 8毫米，翅展12 ~ 15毫米，灰褐色。触角丝状，长5 ~ 6毫米。前翅横线灰白色，内横线中部向外弯曲成角，后段宽阔；外横线细锯齿状，由翅前缘向内倾斜至后缘；中室端有相邻的2枚黑斑，翅外缘常有5 ~ 6个小黑斑。后翅及前后翅缘毛淡褐色。

（2）卵扁椭圆形，0.6毫米×0.4毫米，淡黄色，散产或3、5、10余粒成堆。

（3）幼虫5龄，初龄体白，头黑色，长大后体转为暗红至淡褐色，头部红褐色，体长8 ~ 13毫米。

（4）蛹长约9毫米，长圆筒形，浅黄至棕黄，腹末有8 ~ 10根钩状臀棘。

（二）生活史及习性

一年发生4 ~ 5代，以第四代幼虫和第五代幼虫为主交替越冬，有世代重叠现象。该虫以幼虫在为害处附近越冬，翌年3月下旬开始活动，4月初开始化蛹，越冬代成虫4月底开始羽化，5月上旬出现第一代卵和幼虫。第一、二代幼虫为害枣树甲口最重。第四代部分老熟幼虫不化蛹，于9月下旬以后结茧越冬，第五代幼虫于11月中旬进入越冬。幼虫食量较小，无转株为害现象，有相互残食现象。老熟幼虫在为害部附近选一干燥隐蔽处，结白茧化蛹。

（三）防治措施

（1）在越冬代成虫羽化前，人工刮除被害甲口老皮，连同虫粪、老翘皮集中深埋，并对甲口及主干喷洒80%敌敌畏800倍液。

（2）早春枣树树液开始流动时，枝干刮除翘皮后，涂刷波尔多液（其配比为1份硫酸铜，3份生石灰，10份清水）进行保护。

（3）在越冬皮暗斑螟羽化高峰期结合防治其他虫害，使用4.5%高效氯氰菊酯（或20%杀灭菊酯）与25%灭幼脲Ⅲ号混配成800 ~ 1000倍液进行树体全面喷雾，喷雾至树叶两面着药均匀、枝下湿润，杀灭成虫、减少成虫传播机会。

（4）枣树开甲2 ~ 3天以及枣树嫁接部位解除绑缚塑料薄膜后1 ~ 2天涂抹农药保护剂，涂抹25%灭幼脲Ⅲ号100倍+1.8%阿维菌素50倍混合液，或25%灭幼脲Ⅲ号100倍+10%吡虫啉50倍混合液。不同农药组合可交替使用，涂药量以涂湿甲口为宜，涂抹宽度应超过伤口宽度。每7 ~ 10天1次，一般涂抹4 ~ 6次，直至甲口全部愈合、嫁接部位愈伤组织全部老化为止。

（5）利用人工合成的皮暗斑螟性引诱剂来大量诱杀雄虫，相邻诱捕器间距距离20米，可以干扰成虫交配，达到控制此虫的目的。

十一、枣豹纹蠹蛾

枣豹纹蠹蛾属鳞翅目，木蠹蛾科，豹蠹蛾属。分布于河北、河南、山东、陕西等地。此虫（图5-12）主要为害核桃、枣树，其次为害苹果、杏、梨、石榴、刺槐等。此虫严重为害枣头，使枣树树冠不能扩大，常年成为小老树，影响枣树的产量。被害枝基部的木质部与韧皮部之间有一蛀食环孔，并有自下而上的虫道。枝上有数个排粪孔，有大量的长椭圆形虫粪排出。幼虫蛀入枣树1 ~ 2年生枝条，受害枝梢上部枯萎，遇风易折。

图5-12 枣豹纹蠹蛾成虫（见彩图）

（一）形态特征

（1）成虫雌蛾体长18～20毫米，翅展35～37毫米；雄蛾体长18～22毫米，翅展34～36毫米。胸背部具平行的3对黑蓝色斑点，腹部各节均有黑蓝色斑点。翅灰白色。前翅散生大小不等的黑蓝色斑点。

（2）卵初产时淡杏黄色，上有网状刻纹密布。

（3）幼虫头部黄褐，上颚及单眼区黑色，体紫红色，毛片褐色，前胸背板宽大，有1对子叶形黑斑，后缘具有4排黑色小刺，臀板黑色。老熟幼虫体长32～40毫米。

（4）蛹赤褐色。体长25～28毫米。近羽化时每一腹节的侧面出现两个黑色圆斑。

（二）生活史及习性

一年1代，以幼虫在受害枝条内越冬。翌年春天枣树枝条萌发后，越冬幼虫沿髓部向上蛀食，每隔一定长度向外咬一排粪孔，将粪便向外排出。受害枝条的幼芽或枣吊等枯萎而亡，导致害虫往往转枝为害。6月上旬老熟幼虫开始在隧道吐丝缠缀并用虫粪堵塞虫道两头，在其中化蛹。6月底为成虫羽化始期，7月中旬达到高峰，8月初为羽化末期。成虫有趋光性。幼虫孵化后，初期啃食枣吊，随着虫龄的增长，为害场所开始向二次枝、一次枝及幼树主干转移。转移时首先啃食皮层，后取食木质部，直达髓心。

（三）防治措施

（1）春季4月至6月上旬，当越冬幼虫转枝为害和化蛹期经常巡视枣园，发现枝梢幼芽枯死或枣吊枯死即为此虫为害，用高权剪剪下被害枝，集中烧毁，此项工作必须在6月上旬前完毕，这是全年防治的重点。

（2）9月份正值当年小幼虫为害盛期，仍用枝剪剪除被害枝，集中烧毁，减少虫源基数。

（3）药剂防治：成虫产卵及卵孵化期，喷洒80%敌敌畏乳油1000倍液等。

十二、六星吉丁虫

六星吉丁虫又称串皮虫（图5-13）。全国各枣区均有发生。以幼虫蛀食枣树枝干的皮层及木质部，使树势衰弱，枝条死亡。

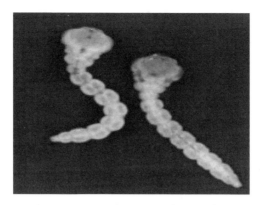

图5-13 六星吉丁虫幼虫（见彩图）

（一）形态特征

（1）成虫体长10～12毫米，蓝黑色，有光泽。腹面中间亮绿色，两边古铜色。触角11节，呈锯齿状。前胸背板前狭后宽，近梯形。两鞘翅上各有3个稍下陷的青色小圆斑，常排成整齐的1列。

（2）卵扁圆形，长约0.9毫米，初产时乳白色，后为橙黄色。

（3）老熟幼虫体扁平，黄褐色，长18～24毫米，共13节。前胸背板特大，较扁平，有圆形硬褐斑，中央有"V"形花纹。其余各节圆球形，链珠状，从头到尾逐节变细。尾部一段常向头部弯曲，为鱼钩状。尾节圆锥形，短小，末端无钳状物。

（4）蛹长10～13毫米，宽4～6毫米，初为乳白色，后变为酱褐色。多数为裸蛹，少数有白色薄茧。蛹室侧面略呈长肾状形，正面似蚕豆形，顺着枝干方向或与枝干成45度角。

（二）生活史及习性

每年繁殖1代，在10月份前后以老熟幼虫在木质部内作蛹室越冬。翌年3月份开始陆续化蛹，发生很不整齐。成虫出洞时间早的在5月份，6月份为出洞高峰期。白天栖息于枝叶间，可取食叶片成缺刻，有坠地假死的习性。卵产于枝干树皮裂缝或伤口处，每处产卵1～3粒。6月下旬至7月上旬为产卵盛期。幼虫蛀食寄主枝干的韧皮部和形成层，形成弯弯曲曲的虫道，虫粪不外排。为害景象与爆皮虫近似，但蛀食的虫道远比爆皮虫宽大，老熟幼虫的虫道宽度可达15毫米。幼虫老熟后蛀入木质部，作蛹室化蛹，但深度较浅。

（三）防治措施

（1）该虫未发生地区应严格实施检疫措施，防止扩散蔓延。已发生此虫的地区，平时加强栽培管理，保持健康树势，及时清除死树死枝，特别在成虫出洞前要清除并烧毁六星吉丁虫为害所致的死树死枝，以减少虫源。在果园树体寻找幼虫蛀食的隧道，把幼虫挖出，集中处理。

（2）从5月中旬开始，利用成虫的假死性，每隔2～3天早晨摇树震虫进行捕杀。

（3）在成虫发生期，向树冠喷洒5%吡虫啉乳油1500倍液，或25%喹硫磷乳油750～800倍液等，15天喷洒1次，连续喷洒2～3次。

十三、白粉虱

白粉虱又名小白蛾子，属半翅目粉虱科，是一种世界性害虫，我国各地均有发生，是大棚内种植作物的重要害虫。

（一）形态特征

卵：椭圆形，具柄，开始浅绿色，逐渐由顶部扩展到基部为褐色，最后变为紫黑色。

1龄：身体为长椭圆形，较细长；有发达的胸足，能就近爬行，后期静止下来，触角发达、腹部末端有一对发达的尾须，相当于体长的1/3。

2龄：胸足显著变短，无步行机能，定居下来，身体显著加宽，椭圆形；尾须显著缩短。

3龄：体形与2龄若虫相似，略大；足与触角残存；体背面的蜡腺开始向背面分泌蜡丝；显著看出体背有三个白点，即胸部两侧的胸褶及腹部末端的瓶形孔。

蛹：早期，身体显著比3龄加长加宽，但尚未显著加厚，背面蜡丝发达四射，体色为半透明的淡绿色，附肢残存；尾须更加缩短。中期，身体显著加长加厚，体色逐渐变为淡黄色，背面有蜡丝，侧面有刺。末期，比中期更长更厚，呈匣状，复眼显著变红，体色变为黄色，成虫在蛹壳内逐渐发育起来。

成虫：雌虫，个体比雄虫大，经常雌雄成对在一起，大小对比显著。腹部末端有产卵瓣三对 (背瓣、腹瓣、内瓣)，初羽化时向上折，以后展开。腹侧下方有两个弯曲的黄褐色曲纹，是蜡板边缘的一部分。两对蜡板位于第二、三腹节两侧。雄虫和雌虫在一起时常常颤动翅膀。腹部末端有一对钳状的阳茎侧突，中央有弯曲的阳茎。腹部侧下方有四个弯曲的黄褐色曲纹，是蜡板边缘的一部分。四对蜡板位于第二、三、四、五腹节上。

（二）生活史及习性

温室白粉虱不耐低温，一般不能露地越冬。一年可发生10余代，以各种虫态在保护地内越冬为害，春季扩散到露地，9月份以后迁回到保护地内。成虫不善飞，有趋黄性，群集在叶背面，具趋嫩性，故新生叶片成虫多，中下部叶片若虫和伪蛹多。交配后，1头雌虫可产100多粒卵，多者400～500粒。此虫最适发育温度25～30℃，在温室内一般1个月发生1代。

（三）防治措施

（1）轮作倒茬：在白粉虱发生猖獗的地区。棚室秋冬茬或棚室周围的露天蔬菜种类应选芹菜、茼蒿、菠菜、油菜、蒜苗等白粉虱不喜食而又耐低温的蔬菜，既免受危害又可防止向棚室蔓延。

（2）根除虫源：育苗或定植时，清除基地内的残株杂草，熏杀或喷杀残余成虫。苗床上或温室大棚放风口设置避虫网，防止外来虫源迁入。

（3）诱杀及趋避：白粉虱发生初期，可在温室内设置边长30～40厘米的黄板，其上涂抹10号机油插于行间高于菜株，诱杀成虫，当机油不具黏性时及时擦拭更换。冬春季结合置黄板在温室内张挂镀铝反光幕，可驱避白粉虱，增加菜株上的光照。

（4）生物防治：当温室内白粉虱成虫平均每株有0.5～1头时，释放人工繁殖的丽蚜小蜂，每株成虫或蛹3～5头，每隔10天左右放1次，共放4次。也可人工释放草蛉，一头草蛉一生能捕食白粉虱幼虫170多头。有条件的地区也可用粉虱座壳孢菌（冻干粉）防治。

（5）药剂防治：在白粉虱发生初期及时用药，每株有成虫2～3头时进行，尤其掌握在点片发生阶段。

① 白粉虱发生初期用10%吡虫·仲丁威400～600倍液，或10%噻嗪酮乳油1000倍液，或25%噻嗪酮乳油1500倍喷雾。能杀死卵、若虫、成虫，当虫量较多时可在药液中加入少量拟除虫菊酯杀虫剂。一般5～7天1次，连喷2～3次。

② 选用25%灭螨猛乳油1000倍液、2.5%联苯菊酯乳油2000倍液、21%增效氰马乳油3000倍液，每隔5～7天1次，连喷3～4次。

③ 20%灭多威乳油1000倍液+10%吡虫啉水分散性粉剂2000倍液+消抗液400倍液，灭多威（万灵）与吡虫啉混合，利用灭多威速杀性弥补吡虫啉迟效。用吡虫啉药效长弥补灭多威药效短缺点，加入消抗液进一步提高药效可杀死各种虫态的白粉虱。每5～7天1次，连喷2～3次，可获得满意效果。

④ 熏蒸法：保护地可用敌敌畏烟剂，每亩用350～400克，或用80%敌敌

畏500克，将敌敌畏倒在分散在温室不同地段的麦秸堆上，点燃后闷棚1夜，间隔5～7天，连熏2～3次。最好熏蒸过后1～2天喷雾1次。除选用药剂外，喷药时间最好在浇水未干时进行，否则由于白粉虱翅膀干燥便于飞翔，不易喷到身体上。

第三节　病害防治

一、枣炭疽病

枣炭疽病（图5-14）俗称烧茄子病，该病在各大枣区均有发生。除危害枣外，还危害苹果、核桃、桃、杏等。果实近成熟期发病，果实染病后常提早脱落，降低品质，经济价值降低。

图5-14　枣炭疽病（见彩图）

（一）病害性质

侵染性病害。

（二）病害症状

可侵染叶片和果实。叶片受害后变黄绿色、早落，有的呈黑褐色、焦枯状悬挂在枝条上。果实发病后，最初出现淡黄色水渍状斑点，以后逐渐扩大成不规则形黄褐色斑块，中间产生圆形凹陷病斑，扩大后连片、呈红褐色，引起落果，早落的果实枣核变黑。在潮湿条件下，病斑上可长出许多黄褐色小突起及粉红色黏性物质。病果味苦，重者晒干后仅剩下果核和丝状物连接果皮，不堪食用。

（三）病原或发病原因

病原为无性型菌物胶孢炭疽菌（*Colletotrichum gloeosporioides*）。该病原菌的无性阶段菌丝体无色或淡褐色，一般生长在果肉内，有分枝或隔膜；分生孢子盘位于表皮下，无分隔或有1个分隔；分生孢子为单胞，无色，卵圆形或长圆形，长14～18微米，宽4～7微米，中央有1个油球或两端各1个油球。

（四）发病规律

病菌以菌丝潜伏于残留的枣吊、枣头、枣股和僵果上越冬。分生孢子堆具水溶性胶状物。不能通过风传，自然条件下须有雨露溶化或风雨交加方能传播。据资料介绍，刺伤、不刺伤表皮均能致病。翌年随风雨飞溅传播、昆虫带菌传播，如蝇类、椿象类、叶蝉类等，从伤口、气孔或直接穿透表皮侵入。7月份至采收前均能发病，有潜伏侵染现象，发病早晚及程度与当地降雨早晚和阴雨天持续时间密切相关，降雨早连阴天，空气湿度大，发病早且重，树势弱，发病重。

（五）防治措施

（1）摘除残留枣吊，冬季深翻、掩埋。冬季和早春结合修剪剪除病虫枝及枯枝。

（2）合理施肥和间作，增强树势，提高抗病能力。

（3）采用烘干或沸水浸烫处理，杀死枣果表面病菌后再晾晒制干。

（4）6月下旬先树冠喷施一次300倍多量式波尔多液、70%甲基硫菌灵800倍液、40%氟硅唑乳油800倍液、50%多菌灵可湿性粉剂700倍液、75%百菌清700倍液等杀菌剂。连续喷3～4次，每次间隔7～10天。7月下旬至8月中下旬喷倍量式波尔多液200倍液或50%多菌灵800倍液，连续3～4次，每次间隔10～15天。9月上、中旬停止用药。

二、枣疯病

枣疯病（图5-15）是枣树上的一种毁灭性病害，全国枣区均有发生，个别地区发生普遍且严重。

图5-15 枣疯病（见彩图）

（一）病害性质

别名：扫帚病、丛枝病、公枣树。侵染性病害。枣疯病是枣树和酸枣的一种毁灭性病害，由于长期无防治良方，被称为枣树上的癌症。

（二）病害症状

枣疯病的症状表现是花器返祖，花梗伸长，萼片、花瓣、雄蕊变成小叶。春季枣树发芽后，患枣疯病的病树病状逐渐显现。枣树染病后，花柄加长为正常花的3～6倍，主芽、隐芽和副芽萌生后变成节间很短的细弱丛生状枝，休眠期不脱落，残留树上。全树枝干上隐芽大量萌发，抽生黄绿细小的枝丛；树下萌生小叶丛枝状的根蘖；重病树一般不结果或结果很少，果实小，花脸、果内硬，不能食用。一般从局部枝条先发病，逐渐蔓延，其蔓延速度因品种和管理条件而异，一般枣树发病后小树1～2年，大树5～6年全树即死亡。

（三）病原或发病原因

病原为植原体（phytoplasma），原称类菌原体(mycoplasma like organism，MLO)，分布于韧皮部筛管和伴胞中，是介于病毒和细菌之间的多形态的质粒，无细胞壁，具质膜，多为圆形、椭圆形或不规则球形。直径90～260纳米，外膜厚度为8.2～9.2纳米，堆积成团或联结成串。类菌原体可通过嫁接和昆虫传播（凹缘菱纹叶蝉、橙带拟菱纹叶蝉和红闪小叶蝉）。枣疯病在土壤干旱瘠薄、管理粗放、树势衰弱的枣园发病重。同时该病的发生还与枣树品种、枣园的海拔、坡向有关。

（四）发病规律

枣疯病发病时，一般先在部分枝或根蘖上表现症状，然后扩及全树。由于芽的不断萌发，无节制地抽生病枝且又生长不良，大量消耗营养，使枝条以致全株死亡。传染途径主要通过叶蝉和嫁接、带病苗木进行传播，松、柏树、芝麻等植物是叶蝉的越冬场所和主要寄主，据陕西省清涧县枣区调查，枣疯病严重的枣园附近都有桧柏树。

枣疯病潜伏期和危害情况与品种、生态环境和管理条件等因子有关，据调查比较冷凉的地区发病较轻，管理粗放的枣园枣疯病较严重。山西太原以北枣区，年均气温8℃左右，很少发生枣疯病。山西农科院果树研究所枣品种园，1965年定植，定植后至1980年无人管理，枣园荒芜，枣疯病发生严重，全园500多株枣树，病株率近30%，1980年对疯病树进行了彻底清除，并加强了管理，枣疯病基本得到控制。调查发现，枣疯病发生与品种有关，'不落酥'病株率100%，'梨枣'83%，'美蜜枣'67%，'婆婆枣'病株率不到1%，'骏枣'则未发病，在生态环境、管理水平和树龄相同的条件下，品种间枣疯病发生情况差异很大。

研究认为，花粉、种子、疯叶汁液和土壤是不传病的。病树和健树的根系自然靠近或新刨病树坑立即栽植枣树也都不传病。病树地上部树体内的植原体随枣树落叶进入冬季休眠而逐渐减少，越冬初期基本消失，植原体不能在地上部树体内越冬。病树根部终年带有病原，枣疯病原植原体可以在根部越冬。次年地上部发病，是由根部越冬后的植原体春季随根部营养物质上行，重新感染新形成的有功能的筛管细胞所致。

（五）防治措施

目前对枣疯病的防治尚无行之有效的方法，根据现有的经验，提出以下几项措施供参考。

（1）选用无病或抗病苗木和接穗，严禁在枣疯病区刨根蘖苗和采集接穗，以免苗木和接穗带菌进行传播。要培育无病苗。在苗圃中一旦发现病苗，应立即拔掉烧毁。

（2）一旦发现整株的疯树，应立即连根刨除，铲除病原，控制蔓延。刨除疯树后可在原处补种无病苗，因土壤不能传染枣疯病，新栽植树不会感染，这是防治枣疯病最有效的方法之一。

（3）发芽前对轻病树先锯除疯枝，发芽后至开花前采用树干钻孔吊瓶输液的方法，常用药剂有土霉素、盐酸四环素等，浓度一般掌握在千分之一，药量视树体大和发病严重程度而异，据中国林业科学研究院森林生态环境与保护研究所等单位试验，采用此法有一定效果。

用四环素类药物注入病树，有防治作用，但不能根治，复发时须再注射。对于枣疯病可用四环素或土霉素1000万单位兑蒸馏水300～500毫升，将药液至少100毫升用针管在8～12小时内注入树干韧皮部，或在树干周围钻孔深达木质部，将浸满药液的棉球塞入钻孔内用胶带封死，一周后取出棉球并封好伤口。在10月中旬枣树始落叶期再施药1次。并在6～7月间注入上述抗生素2～3次，可抑制疯枝扩展，当年可正常结果。在7～8月间枣疯病盛发期，一旦发现初发病的小病枝，就将病枝着生的大枝从根部砍断。因病原物向下运行较慢且速度并不一致，如病原物向下运行尚未达到砍断的部分，就可治愈，如已超过砍分枝部位就无效了。

（4）有可能的条件下，消除枣园附近的杂草，注意枣园卫生，以减少传毒媒介昆虫的发生及越冬场所。同时结合喷药治虫，切断传播途径。叶蝉在疯病树吸食后到无病树上取食即可传病。枣树发芽后结合防治其他害虫喷杀虫剂可杀死叶蝉。同时枣园不宜间作芝麻，枣园附近不宜栽种松、柏树和泡桐，10月份叶蝉向松、柏转移之后至春季叶蝉向枣树转移之前，向松、柏集中喷杀虫剂，以降低虫口基数，减少侵染概率。进行合理的环状剥皮，阻止类菌原体在植物体内的运行。

（5）实践证明，荒芜的枣园枣疯病严重，加强枣园综合管理，可有效地减轻枣疯病危害。

三、枣锈病

枣锈病（图5-16），俗称串叶，是枣树叶部主要病害，几乎所有枣区都有发生，严重时全树叶片及果实大量脱落，树势衰弱，严重降低枣果的产量和品质。

图5-16　枣锈病危害（见彩图）

（一）病害性质

枣锈病又称枣雾，是枣树重要的流行性病害，在蓟州区枣产区发生严重。一般危害后减产20%~60%，严重时有绝收的危险。侵染性病害。

（二）病害症状

主要为害叶片，发病初期叶背面散生淡绿色小点，后渐变为暗黄褐色不规则突起，即病菌的夏孢子堆，直径0.5毫米左右，多发生于叶脉两侧、叶片尖端或基部，叶片边缘和侧脉易凝集水滴的部位也见发病，有时夏孢子堆密集在叶脉两侧连成条状或片状。后期，叶面与夏孢子堆相对的位置，出现具不规则边缘的绿色小点，叶面呈花叶状，后渐变为灰色，失去光泽，枣果近成熟期即大量落叶。枣果未完全长成即失水皱缩或落果，甜味大减，产量大减或绝收，树体衰弱。落叶后于夏孢子堆边缘形成冬孢子堆，冬孢子堆小，黑色，稍突起，但不突破表皮。

（三）病原或发病原因

枣锈病的病原菌称枣多层锈菌〔*Phakopsora zizyphi-vulgaris*〕，属担子菌纲，锈菌目，栅锈菌科，层锈菌属真菌。本病只发现夏孢子堆和冬孢子堆两个阶段。菌丝体无色，大小（30~40）微米×（5~8）微米，夏孢子椭圆形或球形，淡黄色至黄褐色，单胞，表面密生短刺，大小（14~26）微米×（12~20）微米；冬孢子长椭圆形或多角形，单胞，平滑、顶端壁厚，上部栗褐色，基部色淡，大小（10~21）微米×（6~20）微米。

（四）发病规律

枣锈病是由真菌引起的一种病害，病落叶上越冬的夏孢子和酸枣上早发生的锈病菌是主要的初侵染源，借风雨传播。枣芽中有多年生菌丝活动。翌年枣锈病孢子5月底开始飞散，6月中旬达到高峰。枣锈病在6月中下旬为初侵染高峰，在6~7月份雨水多、温度高时，夏孢子发芽，从气孔侵入，11~15天出现症状。产生的夏孢子，靠风雨传播，进行再侵染，7月下旬到8月为再侵染高峰，10月底孢子停止侵染，造成早期落叶。气象因素对枣锈病的发生有很大影响，不同年度枣锈病发病程度不同，夏季高温高湿多雨年份，枣锈病发病较重，反之则较轻；夏季降雨早，气温回升快发病早，否则发病较迟。地势低洼，行间郁闭发病重；雨季早、降雨多、气温高的年份发病重。干燥的坡地或行间开阔通风良好的枣区，发病较轻。各枣树品种间，'扁核酸''鸡心枣'最感病，'新郑灰枣'次之，'新郑九月青''赞皇大枣''灵宝大枣'和'金丝小枣'较抗病。

（五）防治措施

（1）枣树越冬休眠期，彻底扫除病落叶，集中深埋或烧毁，消灭越冬菌源。清除初侵染源。晚秋和冬季清除落叶，集中烧毁。

（2）加强栽培管理。枣园应合理修剪，疏除过密枝条，改善树冠内的通风透光条件；雨季及时排水，防止园内过于潮湿，以增强树势，减少发病。

（3）应以夏季雨季来得早晚、降雨频率和空气湿度等气候因素决定喷药时期。北方枣区在6月底或7月初、7月中、7月底或8月上旬各喷一次1：2：（200～250）倍的波尔多液，可预防该病发生。如天气干旱，可适当减少喷药次数或不喷；如果雨水较多，应增加喷药次数。还可用其他药剂防治，如：25%三唑酮可湿性粉剂1000～1500倍液、50%灭菌铜可湿性粉剂400～600倍液。50%甲基硫菌灵1000倍液、50%代森锰锌可湿性粉剂500倍液、50%多菌灵可湿性粉剂800～1000倍液。每隔15天喷1次，连喷2次。

（4）发病严重的枣园，可于7月上中旬喷1次1：（2～3）：300的波尔多液或30%绿得保胶悬剂400～500倍液、20%萎锈灵乳油400倍液、97%敌锈钠可湿性粉剂500倍液、0.3°Bé石硫合剂或45%晶体石硫合剂300倍液。必要时还可选用三唑酮、敌力脱等高效菌剂。

四、枣轮纹烂果病

枣轮纹烂果病（图5-17）主要危害脆熟期枣果，该病遍及全国各大枣区。受害部位果肉变褐变软，有酸臭味，重者全果浆烂，最后大量落果。

图5-17　枣轮纹烂果病（见彩图）

（一）病害性质

侵染性病害。

（二）病害症状

主要危害枣果。果实自白熟后期开始显现病症。最初果面上出现水渍状圆形小点，以后逐渐扩大，颜色转褐色，表面略下陷呈圆形或椭圆形病斑，病部软腐状，淡黄至黄褐色。后期皮上长出很多近黑色的针点大小的突起，呈多层同心圆排列。

（三）病原或发病原因

病原的无性世代为聚生小穴壳菌（*Dothiorella gregaria*）。分生孢子纺锤形，单胞，无色，大小为（4.0 ~ 6.8）微米×（17.4 ~ 25.1）微米。

（四）发病规律

以真菌侵染为主，病菌孢子分散于空气、土壤中及枣果表面，病菌借风雨飞溅传播，当果实有创伤、虫伤、挤伤等损伤时，即从伤口侵入。降雨和温度是影响其发生和流行的重要条件，幼果期降雨频繁，发病严重。初侵染幼果不立即发病，病菌潜伏在果皮组织或果实浅层组织中，果实近成熟期或生活力衰退后才发病，潜伏期长。

（五）防治措施

（1）加强综合管理，增强树势，提高抗病力。发病后及时清除病果，深埋，减少菌源。

（2）7月上中旬至8月下旬枣果喷施200倍多量式波尔多液，或50%多菌灵800倍液、75%百菌清800倍液，每15天喷1次。或喷施50%甲基硫菌灵可湿性粉剂800倍液，每隔10天喷1次，连喷3 ~ 4次。

五、枣缩果病

枣缩果病（图5-18）又名枣铁皮病、枣黑腐病、枣萎蔫病、枣雾蔫病等，俗称雾抄、雾落头、雾焯头等。近年来，该病遍及全国各大枣区，可造成果实提前脱落，降低产量和品质。是枣树上目前最严重的果实病害。

图5-18　枣缩果病（见彩图）

（一）病害性质

侵染性病害。

（二）病害症状

主要危害枣果。一般在8月份枣白熟期出现病症，发病初期，受害果多数先是肩部或少数胴部出现淡黄色斑，边缘较明显，然后逐渐扩大，成为土黄色或土褐色不规则的凹陷病斑，进而病斑处果肉呈土黄色、松软、萎缩，果柄暗黄色，遇雨天、雾天后病果在短时间内大量脱落；未脱落的病果后期病斑处微发黑、皱缩，病组织呈海绵状坏死，味苦、不堪食用。

（三）病原或发病原因

系细菌病害，病原菌属细菌植物门，草生群，肠杆菌科，欧文氏菌属的一个新种——噬枣欧文氏菌（*Erwinia jujubovora*）。病原菌属革兰氏阴性，短杆状，大小为（0.4 ~ 0.5）微米×10微米，周生鞭毛1 ~ 3根，无芽孢，肉汁胨琼脂平板上为黄色圆菌落，边缘整齐，表面光滑，半透明或透明，直径1.5 ~ 2.0毫米。在肉汁胨液体培养中，浮膜状生长。

（四）发病规律

该病的发生与枣果的生育期天气因素密切相关，一般从枣果梗洼变红（红圈期）到1/3变红时（着色期）枣肉含糖量在18%以上，气温23 ~ 28℃时是发生盛期。根据河北农业大学刘孟军报道，在河南、河北、山东、陕西、山西、安徽、甘肃、辽宁等枣区均有大面积发病，病原在落果、落吊、落叶、枣股及其他枝条树皮等部位均可越冬，但在越冬部位不表现任何症状。枣缩果病菌6月下旬至7月上旬侵染果实，8月下旬至9月下旬条件适宜时大量发病。该病与降雨关系密切，高温、高湿、阴雨连绵或昼雨夜晴，有利于此病流行。空气湿度大的大雾天气等也适合发病。

据山西省运城市枣树中心调查，枣缩果病发病情况与品种、生态环境、栽植密度、枣园管理水平等因素有关。'赞皇枣''临猗梨枣''骏枣''壶瓶枣'等品种发病重，'相枣''婆枣'等品种发病轻；平地密植枣园、红蜘蛛危害严重的枣园、管理条件差的枣园发病重，山地和间作绿肥的枣园发病轻。

病菌也通过害虫造成的伤口侵入危害，桃小食心虫、椿象、叶蝉、介壳虫、叶螨均可传病。

（五）防治措施

（1）选育和利用抗病品种。

（2）加强枣树管理，增施农家肥料，增强树势，提高枣树自身的抗病能力。

（3）根据当年的气候条件，决定防治适期。一般年份可在7月底或8月初喷洒第1遍药，间隔7～10天后再喷洒1～2次药。药剂有：链霉素70～140单位/毫升；土霉素140～210单位/毫升；卡那霉素140单位/毫升；30%琥胶肥酸铜（DT）600～800倍液。结合治虫，可在施用的杀菌剂中，加入20%甲氰菊酯5000倍液。

（4）增施农家肥，增强树势，提高枣树自身的抗病能力。6月至8月高温、干旱时，依降雨情况决定浇水次数。合理修剪，利于枣树通风透光，减少发病。

六、日灼

（一）病害性质
生理性病害。

（二）病害症状
遇到高温和强光，致使果实发生萎蔫、发红变软、皱缩、脱落的现象。

（三）病原或发病原因
强光及持续38℃以上高温数日。

（四）发病规律
枣树由于叶片小而薄，多数果实暴露在日光下，在无风或微风的午后，以及突发性的高温与强光天气，如连阴雨后天气突然转晴、气温突然升高至30℃以上，枣幼果极易发生灼伤。设施栽培枣，7月中下旬发病尤为严重。

（五）防治措施
（1）采用适宜的树形。纺锤形较开心形日灼率发生较轻，直立结果枝较下垂枝发生轻。纺锤形树形树体，通过修剪保持中度的树体叶幕结构，达到果实适当被遮阴，调节枝叶量和叶果比，每个枣吊留2～3个果，能有效防止日灼病发生。

（2）地温较低时如晴天的上午11点前浇水，应小水勤浇，避免大水漫灌。连续阴雨天及时排涝。深翻土壤，增施有机肥、钙肥、钾肥等，改善土壤结构，适当喷施叶面肥。炎热天气于午前喷施0.2%～0.3%磷酸二氢钾、0.15%天然芸薹素或清水。

（3）树盘覆盖秸秆、合理间作或行间种草减少裸露地面，减少阳光对地面的直接照射，减缓土壤温度的升高，保持土壤水分。秸秆在冬季可翻入土壤，增加土壤养分。

（4）高温持续天气，往棚膜上挂防晒网，可减少强光直射程度，有效预防日灼病的发生。此外，已出现日灼病的枣园，若继续炎热，暂时不摘除日灼果，让日灼果阻挡邻果避免阳光照射发生日灼，待高温期结束，再摘除日灼病果。高温天气要加强棚内通风，尤其是通边风，通过对流降低棚内及果面温度，可有效减少日灼病的发生。

七、枣黑顶病

枣黑顶病（图5-19）因主要表现为果实采收前果顶或脐部出现形状不规则的黑红色病斑而得名。生病部位皮下组织坏死变褐，呈半圆形絮状组织深入果肉，病部和周围组织味极苦，导致果实不能食用，进而降低了产量和品质。

图5-19　枣黑顶病（见彩图）

（一）病害性质
生理性病害。

（二）病害症状
主要为害枣果。在枣果膨大期，病斑首先出现在果实顶部，而且大部分出现在向阳面、阳光直射的部位；在枣果白熟期和着色期，果顶出现白色晕圈，颜色逐步加深、面积加大，形成边界不太清晰的红褐色区域，进而失水皱缩，但不腐烂，果实其余部分仍保持正常。果实病斑处味苦涩。

（三）病原或发病原因

从病斑处分离鉴定的病原菌并不是黑顶病的真正致病原因，而是枣果实感染黑顶病以后，特别是发病后期发生的二次感染。黑顶病的发生可能与元素运输和有效利用有关。病果中细胞超微结构发生了显著变化，线粒体等细胞器出现严重破损。

（四）发病规律

枣黑顶病在枣果膨大期、白熟期和成熟期均可发病。在枣果膨大期，病斑首先出现在果实顶部区域，大部分出现在向阳面、阳光直射的部位。首先出现淡黄色的小斑块，斑块逐渐扩大，颜色变深，斑块中出现褐色的小斑点，褐色斑点逐步演变为边界明显的褐色区域，随后褐色区域皱缩；在枣果白熟期和着色期，果顶出现白色晕圈，颜色逐步加深，面积逐步加大，形成边界不太清晰的红褐色区域，红褐色区域逐步皱缩，果实切开后可看到靠近果顶的果肉呈橘黄色，从外向内颜色渐渐变浅，果实其余部分仍保持正常颜色。病斑的大小与发病程度与时间有关，发病时间越长，病斑变得越大，严重时病斑呈红褐色且面积超过整个果实的二分之一。

（五）防治措施

（1）合理整形修剪，改善树体结构，增加枣树的抗病力；严格疏花疏果，合理负载，保持树势健壮。合理施肥，6月上旬施坐果肥、7月下旬施果实膨大肥时提高磷肥的比例，进入白熟期时提高钾肥比例，果实膨大期后降低氮肥用量，从而降低病害发生率。增施有机肥，提高枣树自身的抗病能力。

（2）通过矿质元素处理（钙、硼、锌、硅），结合芸薹素内酯等对枣果实生长发育和营养吸收发挥重要作用的植物激素，能够有效防治黑顶病。将氨基酸钙800～1000倍液、0.1%硼酸钾、0.02%硫酸锌、0.05%硅酸钠、5微摩尔/升芸薹素内酯配制成防治液，从坐果期开始，每隔一个月对果实和叶片进行喷施处理直到9月份果实成熟。

八、枣褐斑病

枣褐斑病（图5-20）又名枣黑腐病，遍及全国各大枣区。危害枣树叶片、幼果。花期染病叶片出现灰褐色或褐色圆形斑点，几个病斑相连，呈不规则状，严重时造成叶片枯黄早落，影响坐果率，幼果早落。

图5-20 枣褐斑病（见彩图）

（一）病害性质

侵染性病害。

（二）病害症状

该病主要侵害枣果，引起果实腐烂和提早脱落，一般在八九月份枣果膨大发白、近着色时大量发病。前期受害的枣果先在肩部或胴部出现浅黄色不规则的变色斑，边缘较清晰，以后病斑逐渐扩大，病部稍有凹陷或皱褶，颜色也随之加深变成红褐色，最后整个病果呈黑褐色，失去光泽。病部果肉为浅土黄色小斑块，严重时大片直至全部果肉变为褐色，最后呈灰黑色至黑色。病组织松软呈海绵状坏死，味苦，不堪食用。后期（9月份）受害果面出现褐色斑点，并逐渐扩大成长椭圆形病斑，果肉呈软腐状，严重时全果软腐。越冬的病僵果表面产生大量黑褐色球状凸起，为病原菌的分生孢子器。

（三）病原或发病原因

属真菌，半知菌亚门的聚生小穴壳菌（*Dothiorella gregaria*）。病原菌的子座组织着生于寄主的表皮下，成熟后突破表皮外露，呈球状凸起。每个子座内有一至数个分生孢子器，近圆形，有明显孔口。分生孢子梗和分生孢子无色，分生孢子纺锤形或梭形，单细胞。

（四）发病规律

枣褐斑病是一种真菌性病害。病菌以菌丝、分生孢子器和分生孢子在病僵果和枯死的枝条上越冬，翌年产生孢子，借风雨传播，6月下旬侵染、潜伏，8月下旬至9月上旬开始发病。侵入幼果的病菌呈潜伏状态，待果实接近成熟期时才逐渐扩展危害，导致发病。病害发生轻重与降雨关系密切。阴雨天气多的年份，病害发生早且重；阴雨连绵时，病害就可能流行。另外，枣园郁闭、通风透光不良，受椿象、桃小食心虫危害造成伤口也可加重病害发生。

（五）防治措施

（1）落叶后至发芽前，清除落地僵果，结合修剪，剪除树上病枝、枯枝，集中烧毁或深埋。

（2）合理密植，使果园通风透光，增施有机肥，增强树势，提高抗病力。

（3）发芽前15天喷一遍5°Bé石硫合剂，消灭树体上越冬菌源。发芽后药剂防治分为两个阶段：一是开花前防治叶片受害，二是落花后防治果实受害。前一阶段在开花前喷1次药即可。防治果实受害在落花后10～15天开始喷药，10～15天1次，连喷3～4次。常用有效药剂有70%甲基硫菌灵可湿性粉剂1000～1200倍液、50%多菌灵可湿粉剂600～800倍液、70%代森锰锌可湿粉剂800～1000倍液等。

（4）对老病株和重病区枣园，于6月下旬开始喷药保护，15天左右喷药1次，共喷药3～4次，选择50%退菌特可湿性粉剂600～800倍液，可与波尔多液交替使用兼治枣锈病。

九、枣树花叶病

枣树花叶病（图5-21）又叫枣树花叶病毒病，病原为花叶病毒，直接危害枣树叶片，使之光合能力受到影响，进而影响枣树的生长和产量。

图5-21　枣树花叶病（见彩图）

（一）病害性质

侵染性病害。

（二）病害症状

受害的叶片变小，叶面出现黄绿相间的细碎斑驳，先出现在叶尖，后扩及全叶。病叶表面凹凸不平、皱缩，有扭曲现象，具透亮感，光合能力受到影响，一般不造成落叶。

（三）病原或发病原因

病毒侵染。

（四）发病规律

枣树花叶病主要通过叶蝉、蚜虫传播，嫁接也能传病。天气干旱，叶蝉、蚜虫数量多时发病就重。

（五）防治措施

（1）加强综合管理，增强树势，提高抗病能力。

（2）及时治虫，防止传播病毒。

（3）嫁接时不从病株上取接穗；病株苗木集中烧毁，避免扩散。

十、枣树疮痂病

枣树疮痂病，又称溃疡病，是一种流行性细菌性病害，常造成叶片、枣吊、花蕾的死亡脱落，严重影响了枣的产量。

（一）病害性质

侵染性病害。

（二）病害症状

1. 枣吊发病

一般在枣股萌发至抽枝展叶期发病，主要症状为枣吊出现纵向裂痕，大量落叶。

发病初期，在枣吊上纵向出现浅色至白色稍隆起的类似线状突起，之后开裂，出现菌脓，呈一条状裂痕，削弱树势，严重影响冬枣的坐果与发育。

发病后期，枣吊发病部位失水，有的枣吊则出现断裂，花蕾脱落。发生严重时花蕾较少甚至形不成花蕾，坐果率显著降低，甚至坐不住果子。后期则枣吊干枯，枣吊上坐住的果实，由于营养不良，品质受到很大影响。

2. 枣头发病

常使枣头弯曲，生长点失去顶端优势，不能形成健壮枣头，对树体发育影响较大。发病后期，随着树体的生长发育，形成干裂的疤痕。

3. 叶片的发病

病菌初期侵染的部位是叶子的叶脉。初侵染时叶脉出现浅褐色病变，并顺叶脉逐步延伸，变为褐色或黑色，伴有菌脓的溢出。菌脓风干后，形成黑色的菌脓斑，酷似真菌的病原物。随着疮痂病的不断侵染蔓延，叶脉的坏死，叶脉所作用的叶面开始出现水渍状，渐渐干枯，形成"缘枯"，并大量脱落，所以人们叫它"缘枯病"。

4. 果实发病

初侵染时果实表面出现针状大小的浅色至白色突起，后迅速变大，挤压破裂后可见菌脓出现。随后，形成各种形状不一的病斑。随着果实的发育，病斑变大，引起烂果、落果。

（三）病原或发病原因

细菌侵染。

（四）发病规律

枣树疮痂病在枣叶上发病一般从发芽至幼果期（露地5月下旬至6月中旬）雨水偏大，土壤含水量过高时开始，初侵染的部位是叶子的叶脉，初期侵染时叶脉出现浅褐色病变，并顺叶脉逐步延伸，变为褐色或黑色，伴有菌脓的溢出。随着侵染蔓延，叶脉坏死，叶脉所作用的叶面出现水渍状，渐渐干枯，形成"缘枯"，并大量脱落。

（五）防治措施

（1）提高树体自身的抗病力，增强树势，树势强壮的冬枣发病轻，疏于管理、营养不良的冬枣发病重。另外，做好绿盲蝽的防治，避免传毒。

（2）病症出现后，需要抓紧时间喷施春雷霉素、叶枯唑、农用链霉素等制剂，也可喷施氢氧化铜、噻菌铜等铜制剂，前三种药剂可以同杀虫剂、杀菌剂等进行复配，后两种铜制剂需要单打，不然容易出现药害。病害严重的地块，间隔3 ~ 5天，连续喷施2次。

（3）春季枣树发芽前，树体喷布3 ~ 5°Bé石硫合剂，或45%晶体石硫合剂80 ~ 100倍液，或70%甲基硫菌灵可湿性粉剂800倍液，或80%代森锌可湿性粉剂600倍液，消灭越冬病菌。生理落果后，用50%多菌灵可湿性粉剂600倍液，或75%百菌清可湿性粉剂500 ~ 600倍液，或65%代森锰锌可湿性粉剂700倍液，或25%腈菌唑乳油2000 ~ 2500倍液均匀喷雾，间隔10 ~ 15天喷1次，直到采收前15天为止。

第四节　农药的安全使用

随着我国经济迅速发展，人们的物质生活条件有了显著改善，对农产品品质及安全问题也越来越关注。保障农产品质量安全是实现农产品产业规范化、科学化、集约化发展的重中之重。设施栽培是在一个相对独立、封闭的环境中生产，管理过程中的农药使用尤为重要，为了保障农产品质量安全，保护消费者和农户的健康，需要更严格地做好农药管理及使用工作。

一、科学使用农药的原则

（一）确定防治对象对症下药

当田间出现病虫草害及鼠害时，应根据典型症状确定需要采取哪些防治方法。在选择防治措施前需要征求植保技术部门的意见，通过专业仪器进行严格科学的诊断，还可咨询当地有经验的专业人士，确定合理的防治方法和适宜的农药品种、农药浓度及防治时期，以提高防治效果。不同植物对不同农药的适应性不尽相同。如果对植物使用敏感药剂，会造成药物伤害。例如：乙草胺可广泛应用于卷心菜、番茄、萝卜、辣椒、洋葱、茄子、芹菜、大蒜等蔬菜中；但如果用在黄瓜、菠菜等植物上，就会成为一种危险的药剂。因此，选择合适的农药是非常重要的，要严格按照农药产品说明书中列出的浓度进行使用，有条件的厂家应提供科学使用农药的培训。

（二）注意使用农药时间及天气

农药不能连续使用数天，每天使用时间不得超过4小时。使用农药前应事先告知他人，并警示任何人不得接近或进入使用农药的区域。在低温、微风和雨天不宜使用农药，会影响药效。

（三）把握施药频率及用量

农药的使用频率和用量必须严格按照产品说明书的规定，并注意合理轮换使用不同农药。随意增加施药次数和用量，这样不仅会增加农药使用成本，还会导致农产品中的农药残留超标，造成药害。实际生产中，只要按照正常比例规范使用农药，就会达到对病虫害的控制效果。

（四）做好病虫害预防工作

植物病虫害防治要坚持"预防为主，综合治理"的方针，在生物防治和物理防治的基础上进行化学防治。研究发现，绝大多数植物病虫害发生的早期防治风险最小、效果最好，如果大范围蔓延，即使加大农药剂量也难以弥补损失。因此，要坚持预防为主、综合治理，尽可能提高农药利用率，减少对环境和农产品质量安全的影响。

（五）采用正确的施药方法

施用农药的方法很多，每种方法都有其优缺点，应根据病虫害的特点、生存环境和存在的主要问题选择正确的施用方法。例如：种子包衣、诱饵和土壤处理可用于控制地下害虫；采用药物包扎或温汤浸泡的方法对种子进行处理，可以控制种子上的细菌病害。

二、安全使用农药措施

农药是用于防治农、林、牧以及环境卫生的病、虫、草、鼠等灾害的化学药剂的总称。农药在生产、生活中具有重要的作用，但如果使用不当或误食，就会造成药害、环境污染和人畜中毒。

（一）农药分类

农药种类很多，为便于识别和使用，常根据原料来源、用途、作用方式等进行分类。

1. 按用途分类

① 杀虫剂。防治害虫的药剂，如乐果、敌敌畏、灭多威。这类药剂只能用来杀虫，不能用来防病。

② 杀螨剂。用来防治螨类的药剂，如克螨特、双甲脒等。

③ 杀菌剂。用来防治植物病害的药剂，如甲霜灵、百菌清、代森锌、三唑酮等。

④ 杀线虫剂。用来防治线虫的药剂，如涕灭威、克线磷等。

⑤ 杀鼠剂。用来防治鼠害的药剂。

⑥ 除草剂。用来除草的药剂。

⑦ 植物生长调节剂。用来促进或抑制植物生长的药剂。

2. 按作用方式分类

（1）按作用方式分类，可把杀虫剂（杀螨剂）分为下列几类。

① 胃毒剂。通过消化系统进入虫体使其中毒死亡的药剂，如敌百虫、杀鼠剂等。

② 触杀剂。通过接触表皮或渗入虫体使其中毒死亡的药剂，如除虫菊等。

③ 熏蒸剂。以气体状态、通过呼吸系统进入虫体使其中毒死亡的药剂，如敌敌畏、溴甲烷等。

④ 内吸杀虫剂。通过植物的根、茎、叶吸收进入植物体内，在植物体内输导、散布、存留或产生代谢物，害虫在取食植物组织或汁液时，使其中毒死亡的药剂，如乐果等。

⑤ 特异性杀虫剂。对害虫有特殊的作用，但无毒，如拒食剂、不育剂、驱避剂等。

（2）按作用方式分类，可把杀菌剂分为下列几类。

① 保护剂。在植物感病前，喷布覆盖于植物表面，能抑制病菌孢子的萌发或杀死萌发的病原孢子，以保护植物免受病原物侵染危害的药剂，如波尔多液等。这类药剂应在发病前施用，发病后病原物已侵入植物组织内部，再施药就无效。

② 治疗剂。在植物感病后，施用药剂能从植物表皮渗入植物组织内部，但不能在植物体内输导、散布，能抑制病菌孢子的萌发或杀死萌发的病原孢子，以消除病症的药剂。如代森铵、百菌清等。

③ 内吸杀菌剂。通过植物的根、茎、叶吸收进入植物体内，并在体内输导、散布、存留，杀死或抑制病原物的药剂。如甲霜灵、三乙膦酸铝、三唑酮、硫菌灵等。

④ 铲除剂。在植物染病后，施用药剂，在植物表面（或渗入植物组织内）与病原物直接接触，可杀死病原物的药剂。如甲醛、五氯酚等。

⑤ 防腐剂。不能杀死病原物孢子，但可抑制病原物孢子萌发的药剂。如硼砂、硫酸亚铁等。

（二）使用农药应注意的主要事项

为安全、准确、有效地使用农药，在生产过程中应注意农药的安全使用，农药的用量及浓度，农药的混合等问题。

1. 农药的毒性

影响农药毒性的物理因素有农药定额挥发性、水溶性、脂溶性等，化学因素有农药本身的化学结构、水解程度、光化反应、氧化还原以及人体体内某些成分的反应等。农药毒性可分为急性毒性、亚急性毒性、慢性毒性。急性毒性指农药一次进入动物体内后短时间引起的中毒现象，是比较农药毒性大小的重要依据之一。亚急性毒性指动物在较长时间内（一般连续投药观察三个月）服用或接触少量农药而引起的中毒现象。慢性毒性指小剂量农药长期连续用后，在体内或者积蓄，或是造成体内机能损害所引起的中毒现象。在慢性毒性问题中，农药的致癌性、致畸性、致突变等特别引人重视。

农药是防治农林花卉植物病、虫、鼠、草和其他有害生物的化学制剂，使用极为广泛。所有农药对人、畜、禽、鱼和其他养殖动物都是有毒害的。使用不当，常常引起中毒死亡。不同的农药，由于分子结构组成的不同，因而其毒性大小、药性强弱和残效期也就各不相同。

衡量农药毒性的大小，通常是以致死量或致死浓度作为指标的。致死量是指人、畜吸入农药后中毒死亡时的数量，一般是以每千克体重所吸收农药的毫克数，用毫克/千克或毫克/升表示。急性程度的指标，是以致死中量或致死中浓度来表示的。致死中量也称半数致死量，符号是LD_{50}，一般以小白鼠或大白鼠做试验来测定农药的致死中量，其计量单位是毫克/千克体重。"毫克"表示使用农药的剂量单位，"千克体重"指被试验的动物体重，体重越大中毒死亡所需的药量就越大，其含义是每1千克体重动物中毒致死的药量。中毒死亡所需农药剂量越小，其毒性越大；反之所需农药剂量越大，其毒性越小。如1605 LD_{50}为6毫克/千克体重，甲基1605 LD_{50}为15毫克/千克体重，这就表示1605的毒性比甲基1605要大。甲胺磷LD_{50}为18.9 ~ 21毫克/千克体重，溴氰菊酯LD_{50}为128.5 ~ 138.7毫克/千克体重。说明甲胺磷毒性比溴氰菊酯大。

根据农药致死中量（LD_{50}）的多少可将农药的毒性分为以下五级。

（1）剧毒农药：致死中量为1 ~ 50毫克/千克体重。如久效磷、磷胺、甲胺磷、苏化203、3911等。

（2）高毒农药：致死中量为51 ~ 100毫克/千克体重。如克百威、氟乙酰胺、氰化物、401、磷化锌、磷化铝、砒霜等。

（3）中毒农药：致死中量为101 ~ 500毫克/千克体重。如乐果、异丙威、速灭威、敌磺钠、402、菊酯类农药等。

（4）低毒农药：致死中量为501 ~ 5000毫克/千克体重。如敌百虫、杀虫双、马拉硫磷、辛硫磷、乙酰甲胺磷、2甲4氯、丁草胺、草甘膦、硫菌灵、氟乐灵、灭草松、莠去津等。

（5）微毒农药：致死中量为5000毫克/千克体重以上。如多菌灵、百菌清、三乙膦酸铝、代森锌、灭菌丹、西玛津等。

因此，在购买和使用农药时，一定要在了解所购农药毒性的基础上，按照说明书上的要求和计量，严格参照技术操作标准使用。

2. 农药的安全使用

农药对动物都有毒性。因此在使用时就要十分注意对人、畜的安全。在充分认识所使用农药的毒性、作用机理的基础上，要特别注意以下几个方面。

(1) 穿戴好衣服鞋帽，不让皮肤直接接触药剂。

(2) 戴好口罩、防毒面具，防止药剂从呼吸道进入人体内。

(3) 深埋盛药的包装物和用剩的药液，不能随便丢弃包装物和用剩的药液。

(4) 不能在人、畜饮水和鱼塘水源头处清洗施药用具和盛药的包装物等。

(5) 避免在高温、烈日下施药，避免迎风喷洒药剂，以免引起操作者中毒。

(6) 施过药的植物和被药液污染的植物要经过一段时间才能食用，以免引起人、畜、禽、鱼等中毒。

(7) 若发现人出现中毒症状，应尽快离开施药现场，并及时送医院抢救。

(8) 农药保管要专人、专库，并防止泄漏和为灾。

除此之外还要注意不要发生药害，污染环境等。

3. 农药的浓度和稀释浓度表示方法

农药的有效成分，即含量和具体使用中稀释倍数的表示方法，是农药使用中经常遇到的问题。主要有下列几种表示方法。

(1) 百分浓度：一百份药液中含农药的份数或一百份药肥液或药肥粉中含药肥的份数，如2%的尿素表示在100千克尿素溶液中有2千克尿素98千克水（表示法：%）。

(2) 倍数浓度：即量取一定质量或一定体积的制剂，按同样的质量或体积单位（如克、千克、毫升、升）等的倍数计算加水或其他稀释剂，然后配制成稀释的药液或药粉，加水量或其他稀释剂的量相当于制剂用量的倍数。

(3) 百万分浓度：一百万份药液中含农药的份数（表示法：ppm）。

(4) 波美度：专门表示石硫合剂浓度（表示法：°Bé）。

(5) 量式与倍数组合：专门表示波尔多液浓度。倍数指的是硫酸铜与水的比例，量式指的是硫酸铜与生石灰的比例，即1：X。组合起来表示法有四种：等量式（1：1）、半量式（1：0.5）、倍量式（1：2）、多量式（1：5~1：3）。

例如：150倍等量式波尔多液表示为1：1：150。

150倍半量式波尔多液表示为1：0.5：150。

150倍倍量式波尔多液表示为1：2：150。

农药的浓度是指农药最终使用的浓度，即使用到植物上的浓度。

倍数浓度在实际应用中使用最方便，一般杀菌剂如此标注。以倍数浓度为例说明药液的配制过程。

例如：配制50%多菌灵可湿性粉剂800倍，即1千克50%多菌灵制剂加水

800千克（严格说应加799千克水），即可得800倍药液。倍数法一般不能直接反映出药剂有效成分的稀释倍数。倍数法一般都按重量计算，实际上稀释倍数越大，按容量计算与按重量计算之间的误差越小（密度不同），在生产应用上这种误差没有什么影响，但在科学实验中需计算清楚。在应用倍数法时，通常采用两种方法。

① 内比法：在稀释一百倍以下时，稀释量要扣除原药所占的一份。如稀释60倍，即原药剂1份加稀释剂59份。

② 外比法：在稀释一百倍以上时，计算稀释量不扣除原药剂所占的1份。如稀释1000倍，即原药1份加稀释剂1000份。

4. 农药的配制

商品农药制剂，一般浓度都比较高，如按常规的施药方法，在使用前一定要进行稀释，也就是使用农药制剂时，要根据农药品种、防治对象和植物种类的不同、施药时气温的高低，在药剂中加入不同的水量或其他稀释剂，进行稀释以降低药剂的浓度。农药稀释正确与否，对药效和安全使用有很大关系。如兑水或其他稀释剂过多，则药剂浓度太低，会降低防效；如兑水少药剂浓度过高，会引起药害和人畜中毒事故。所以农药稀释配制时要严格掌握好农药稀释的浓度。和农药配制相关的概念如下。

药液用量：喷施一定范围内的目标所需的稀释药液量。

制剂用量：喷施一定范围内的目标所需农药制剂的用量。

母液：经过初次稀释的制剂，不能直接施用，还需再次稀释才能施用。

农药的配制方法有以下几种。

（1）准确计算药液用量和制剂用量。配制一定浓度的药液，应首先按所需药液用量计算出制剂用量及水（或其他稀释液）的用量，然后进行正确配制。计算时，要注意所用单位要统一，并注意内比法和外比法的应用（稀释倍数小于100倍的要计算制剂用量，稀释倍数≥100倍的，可参照表5-1配制）。

（2）采用母液配制。液体（如乳油、水剂等）农药制剂采用母液配制，能够提高有效成分的分散性和悬浮性，配制出高质量的药液。母液是先按所需药液浓度和药液用量计算出的所需制剂用量，加到一容器中（事先加入少量水或稀释液），然后混匀，配制成高浓度母液，然后将它带到施药地点后，再分次加入稀释剂，配制成使用形态的药液。母液法又称二次稀释法，它比一次稀释法药效好得多，特别是乳油农药，采用母液法，能显著增加乳化性能，配制出高质量的乳状液。此外，可湿性粉剂、油剂等均可采用母液法配制稀释液。

表5-1　农药配比速查表

稀释倍数	15千克水加药量/（克或毫升）	25千克水加药量/（克或毫升）	50千克水加药量/（克或毫升）
100	150.0	250.0	500.0
200	75.0	125.0	250.0
300	50.0	83.5	167.0
500	30.0	50.0	100.0
600	25.0	41.5	83.0
800	18.75	31.25	62.5
1000	15.0	25.0	50.0
1200	12.5	25.85	41.7
1500	10.0	16.67	33.3
2000	7.5	12.5	25.0
2500	6.0	10.0	20.0
3000	5.0	8.35	16.7

农药配制注意事项：

不要用污水和井水配药，因为污水杂质多，容易堵塞喷头，还会破坏药剂悬浮性而产生沉淀；而井水含矿物质多，与农药混合后易产生化学作用，形成沉淀，降低药效。最好用清洁的河水配药。

5. 农药的混合使用

在生产中，一种植物，一块田，往往同时发生几种病、几种虫害，或既要防治病虫，又要追肥。这时，为了达到同时兼治几种病、虫或促进植物健壮生长的目的，往往就把几种农药或化肥混合使用，这样既扩大了防治对象，节省了劳动力，还能使病虫不易产生抗药性。

（1）农药混用的方法

① 杀虫剂与杀虫剂混用：胃毒剂与触杀剂、熏蒸剂混用；触杀剂与内吸剂、胃毒剂混用。如敌敌畏与乐果的混用。

② 杀菌剂与杀菌剂的混用：如代森锌与代森铵的混用。

③ 杀虫剂与杀菌剂的混用：如乐果与代森锌混用。

另外还有杀虫剂、杀菌剂与化肥混用，杀虫剂、杀菌剂与除草剂混用等多种混合使用方法。

（2）农药混用中应注意的问题

① 认识农药的化学性质。农药几乎都是化学药品，就其化学性质来讲可简

单地分为中性、酸性、碱性三大类。中性药剂：各种合成农药、植物性农药、不含钙的各种化肥及一部分无机农药。酸性药剂：主要有硫酸铜、氟硅酸钠、三氧化二砷（白砒）、过磷酸钼等。碱性药剂：石硫合剂、波尔多液、硫酸钙、代森铵、肥皂、石灰等。

② 各种化学性质农药之间的混配原则。中性药剂与中性药剂、酸性药剂与酸性药剂、中性药剂与酸性药剂之间不产生化学和物理变化，可以互相混用。而酸性药剂与碱性药剂之间，碱性强的药剂，如石硫合剂、松脂合剂与碱性药剂之间不能混合使用。

③ 出现下列几种情况不能混用。乳剂兑水混合后出现上有漂浮油层，下有沉淀现象；可湿性粉剂、乳粉、浓可溶剂兑水混合后出现絮结和大量沉淀现象；微生物杀虫剂、杀菌剂不能与杀虫剂、杀菌剂混用。

农药混合后使用是一个较复杂的问题，在具体操作应用时，要注意试验和观察，以免造成药害和不必要的损失。

三、限用及禁用农药

农业农村部发布的《农药管理条例》（中华人民共和国农业农村部公告第269号）规定，农药生产应取得农药登记证和生产许可证，农药经营应取得经营许可证，农药使用应按照标签规定的使用范围、安全间隔期用药，不得超范围用药。剧毒、高毒农药不得用于防治卫生害虫，不得用于蔬菜、瓜果、茶叶、菌类、中草药材的生产，不得用于水生植物的病虫害防治。2022年国家禁用和限用的农药名录如下。

（一）禁止（停止）使用的农药（50种）

六六六、滴滴涕、毒杀芬、二溴氯丙烷、杀虫脒、二溴乙烷、除草醚、艾氏剂、狄氏剂、汞制剂、砷类、铅类、敌枯双、氟乙酰胺、甘氟、毒鼠强、氟乙酸钠、毒鼠硅、甲胺磷、对硫磷、甲基对硫磷、久效磷、磷胺、苯线磷、地虫硫磷、甲基硫环磷、磷化钙、磷化镁、磷化锌、硫线磷、蝇毒磷、治螟磷、特丁硫磷、氯磺隆、胺苯磺隆、甲磺隆、福美胂、福美甲胂、三氯杀螨醇、林丹、硫丹、溴甲烷、氟虫胺、杀扑磷、百草枯、2,4-滴丁酯、甲拌磷、甲基异柳磷、水胺硫磷、灭线磷。

注：2,4-滴丁酯自2023年1月23日起禁止使用。溴甲烷可用于"检疫熏蒸处理"。杀扑磷已无制剂登记。甲拌磷、甲基异柳磷、水胺硫磷、灭线磷，自

2024年9月1日起禁止销售和使用。

（二）在部分范围禁止使用的农药（20种）

部分范围禁止使用的农药见表5-2。

表5-2　农药及其禁止使用范围

通用名	禁止使用范围
甲拌磷、甲基异柳磷、克百威、水胺硫磷、氧乐果、灭多威、涕灭威、灭线磷	禁止在蔬菜、瓜果、茶叶、菌类、中草药材上使用，禁止用于防治卫生害虫，禁止用于水生植物的病虫害防治
甲拌磷、甲基异柳磷、克百威	禁止在甘蔗植物上使用
内吸磷、硫环磷、氯唑磷	禁止在蔬菜、瓜果、茶叶、中草药材上使用
乙酰甲胺磷、丁硫克百威、乐果	禁止在蔬菜、瓜果、茶叶、菌类和中草药材上使用
毒死蜱、三唑磷	禁止在蔬菜上使用
丁酰肼（比久）	禁止在花生上使用
氰戊菊酯	禁止在茶叶上使用
氟虫腈	禁止在所有植物上使用（玉米等部分旱田种子包衣除外）
氟苯虫酰胺	禁止在水稻上使用

四、绿色食品生产允许使用的农药

由农业农村部批准发布的国家农业行业标准《绿色食品农药使用准则》（NY/T 393—2020，代替NY/T 393—2013），自2020年11月1日起正式实施。与NY/T 393—2013相比，NY/T 393—2020在AA级和A级绿色食品生产均允许使用的农药清单中，删除了（硫酸）链霉素，增加了具有诱杀作用的植物（如香根草等）、烯腺嘌呤和松脂酸钠。

在A级绿色食品生产允许使用的其他农药清单中，删除了7种杀虫杀螨剂（S-氰戊菊酯、丙溴磷、毒死蜱、联苯菊酯、氯氟氰菊酯、氯菊酯和氯氰菊酯），1种杀菌剂（甲霜灵），12种除草剂（草甘膦、敌草隆、噁草酮、二氯喹啉酸、禾草丹、禾草敌、西玛津、野麦畏、乙草胺、异丙甲草胺、莠灭净和仲丁灵）及

2种植物生长调节剂（多效唑和噻苯隆）；增加了9种杀虫杀螨剂（虫螨腈、氟啶虫胺腈、甲氧虫酰肼、硫酰氟、氰氟虫腙、杀虫双、杀铃脲、虱螨脲和溴氰虫酰胺），16种杀菌剂（苯醚甲环唑、稻瘟灵、噁唑菌酮、氟吡菌酰胺、氟硅唑、氟吗啉、氟酰胺、氟唑环菌胺、喹啉铜、嘧菌环胺、氰氨化钙、噻呋酰胺、噻唑锌、三环唑、肟菌酯和烯肟菌胺），7种除草剂（苄嘧磺隆、丙草胺、丙炔噁草酮、精异丙甲草胺、双草醚、五氟磺草胺、酰嘧磺隆）及1种植物生长调节剂（1-甲基环丙烯）。

今后国家新禁用或列入《限制使用农药名录》的农药，将自动从清单中删除。具体如下。

（一）AA级和A级绿色食品生产均允许使用的农药清单

见表5-3 ~ 表5-7。

表5-3　植物和动物来源农药及用途

农药名称	用途
楝素（苦楝、印楝等提取物，如印楝素等）、天然除虫菊素（除虫菊科植物提取液）、苦参碱及氧化苦参碱（苦参等提取物）、苦皮藤素（苦皮藤提取物）、藜芦碱（百合科藜芦属和喷嚏草属植物提取物）、桉油精（桉树叶提取物）、具有诱杀作用的植物（如香根草等）、明胶	杀虫
小檗碱（黄连、黄柏等提取物）、大黄素甲醚（大黄、虎杖等提取物）、乙蒜素（大蒜提取物）、天然酸（如食醋、木醋和竹醋等）、菇类蛋白多糖（菇类提取物）	杀菌
蛇床子素（蛇床子提取物）	杀虫、杀菌
植物油（如薄荷油、松树油、香菜油、八角茴香油等）	杀虫、杀螨、杀真菌、抑制发芽
寡聚糖（甲壳素）	杀菌、植物生长调节
天然诱集和杀线虫剂（如万寿菊、孔雀草、芥子油等）	杀线虫
水解蛋白质	引诱
蜂蜡	保护嫁接和修剪伤口
具有驱避作用的植物提取物（大蒜、薄荷、辣椒、花椒、薰衣草、柴胡、艾草、辣根等的提取物）	驱避
害虫天敌（如寄生蜂、瓢虫、草蛉、捕食螨等）	控制虫害

表5-4　微生物来源农药及用途

农药名称	用途
真菌及真菌提取物（白僵菌、轮枝菌、木霉菌、耳霉菌、淡紫拟青霉、金龟子绿僵菌、寡雄腐霉菌等）	杀虫、杀菌、杀线虫
细菌及细菌提取物（芽孢杆菌类、荧光假单胞杆菌、短稳杆菌等）	杀虫、杀菌
病毒及病毒提取物（核型多角体病毒、质型多角体病毒、颗粒体病毒等）、多杀霉素、乙基多杀菌素	杀虫
春雷霉素、多抗霉素、井冈霉素、嘧啶核苷类抗菌素、宁南霉素、申嗪霉素、中生菌素	杀菌
S-诱抗素	植物生长调节

表5-5　生物化学产物农药及用途

农药名称	用途
氨基寡糖素、低聚糖素、香菇多糖	杀菌、植物诱抗
几丁聚糖	杀菌、植物诱抗、植物生长调节
苄氨基嘌呤、超敏蛋白、赤霉酸、烯腺嘌呤、羟烯腺嘌呤、三十烷醇、乙烯利、吲哚丁酸、吲哚乙酸、芸薹素内酯	植物生长调节

表5-6　矿物来源农药及用途

农药名称	用途
石硫合剂	杀菌、杀虫、杀螨
铜盐（如波尔多液、氢氧化铜等）	杀菌，每年铜使用量不能超过每亩0.4千克
氢氧化钙（石灰水）	杀菌、杀虫
硫黄	杀菌、杀螨、驱避
高锰酸钾	杀菌，仅用于果树和种子处理
碳酸氢钾	杀菌
矿物油	杀虫、杀螨、杀菌

农药名称	用途
氯化钙	用于治疗缺钙带来的抗性减弱
硅藻土、黏土（如斑脱土、珍珠岩、蛭石、沸石等）	杀虫
硅酸盐（硅酸钠、石英）	驱避
硫酸铁（3价铁离子）	杀软体动物

表5-7　其他来源农药及用途

农药名称	用途
二氧化碳	杀虫，用于贮存设施
过氧化物类和含氯类消毒剂（如过氧乙酸、二氧化氯、二氯异氰尿酸钠、三氯异氰尿酸等）	杀菌，用于土壤、培养基质、种子和设施消毒
乙醇	杀菌
海盐和盐水	杀菌，仅用于种子（如稻谷等）处理
软皂（钾肥皂）、松脂酸钠	杀虫
乙烯	催熟等
石英砂	杀菌、杀螨、驱避
昆虫性信息素	引诱或干扰
磷酸氢二铵	引诱

（二）A级绿色食品生产允许使用的其他农药清单

当表5-3 ~ 表5-7中所列农药不能满足生产需要时，A级绿色食品生产还可按照农药产品标签或《农药合理使用准则》（GB/T 8321）的规定使用下列农药（共141种）。

1. 杀虫杀螨剂（共39种）

苯丁锡、吡丙醚、吡虫啉、吡蚜酮、虫螨腈、除虫脲、啶虫脒、氟虫脲、氟啶虫胺腈、氟啶虫酰胺、氟铃脲、高效氯氰菊酯、甲氨基阿维菌素苯甲酸盐、甲氰菊酯、甲氧虫酰肼、抗蚜威、喹螨醚、联苯肼酯、硫酰氟、螺虫乙酯、螺螨酯、氯虫苯甲酰胺、灭蝇胺、灭幼脲、氰氟虫腙、噻虫啉、噻虫嗪、噻螨酮、噻嗪酮、杀虫双、杀铃脲、虱螨脲、四聚乙醛、四螨嗪、辛硫磷、溴氰虫酰胺、乙螨唑、茚虫威、唑螨酯。

2. 杀菌杀线虫剂（共57种）

苯醚甲环唑、吡唑醚菌酯、丙环唑、代森联、代森锰锌、代森锌、稻瘟灵、啶酰菌胺、啶氧菌酯、多菌灵、噁霉灵、噁霜灵、噁唑菌酮、粉唑醇、氟吡菌胺、氟吡菌酰胺、氟啶胺、氟环唑、氟菌唑、氟硅唑、氟吗啉、氟酰胺、氟唑环菌胺、腐霉利、咯菌腈、甲基立枯磷、甲基硫菌灵、腈苯唑、腈菌唑、精甲霜灵、克菌丹、喹啉铜、醚菌酯、嘧菌环胺、嘧菌酯、嘧霉胺、棉隆、氰霜唑、氰氨化钙、噻呋酰胺、噻菌灵、噻唑锌、三环唑、三乙膦酸铝、三唑醇、三唑酮、双炔酰菌胺、霜霉威、霜脲氰、威百亩、萎锈灵、肟菌酯、戊唑醇、烯肟菌胺、烯酰吗啉、异菌脲、抑霉唑。

3. 除草剂（共39种）

2甲4氯、氨氯吡啶酸、苄嘧磺隆、丙草胺、丙炔噁草酮、丙炔氟草胺、草铵膦、二甲戊灵、二氯吡啶酸、氟唑磺隆、禾草灵、环嗪酮、磺草酮、甲草胺、精吡氟禾草灵、精喹禾灵、精异丙甲草胺、绿麦隆、氯氟吡氧乙酸（异辛酸）、氯氟吡氧乙酸异辛酯、麦草畏、咪唑喹啉酸、灭草松、氰氟草酯、炔草酯、乳氟禾草灵、噻吩磺隆、双草醚、双氟磺草胺、甜菜安、甜菜宁、五氟磺草胺、烯草酮、烯禾啶、酰嘧磺隆、硝磺草酮、乙氧氟草醚、异丙隆、唑草酮。

4. 植物生长调节剂（共6种）

1-甲基环丙烯、2,4-滴（只允许作为植物生长调节剂使用）、矮壮素、氯吡脲、萘乙酸、烯效唑。

第六章
采收和贮运

第一节　采收

一、采前管理

采前必须做好枣园的土肥水管理和病虫害防治，以增强枣果本身的耐贮性。

（一）减少农药污染

严格控制农药的施用量，在有效浓度范围内，尽量用低浓度进行防治病虫害，一般对有限制农药每年只能使用一次，在采果前20天应停止使用，以保证果品中无农药残留，或虽有少量残留但不超标。

（二）抑制乙烯代谢

枣果实乙烯的产生有甲硫氨酸途径参与。枣果随果实的成熟，果内乙烯浓度和呼吸强度均有一小峰出现，果实在白熟期对乙烯比较敏感，在着色成熟后对乙烯不敏感。因此，适时利用乙烯生物合成抑制剂氨氧乙酸（AOA）、氨氧乙烯基甘氨酸（AVG），有利于增强鲜枣果的耐贮性。

（三）增加果实硬度

钙质可与枣果体细胞中胶层的果胶酸形成果胶酸钙，对维持果实硬度、调节组织呼吸及推迟衰老有着重要作用。采前1个月喷0.3%氯化钙加100毫克/千克萘乙酸，以增加枣果硬度；采前15天左右喷0.2%氯化钙溶液加1000倍甲基硫菌灵，且停止浇水，既能调节枣果的内部生理活动，又可防止病菌感染。

二、采收环节

（一）采收时期

采收时期是影响贮藏效果的一个关键因素。采收过早，枣果含糖量低，风味差，营养积累少；采收过晚，虽枣果含糖量高，风味好，营养积累也多，但抵抗外界不良环境的能力差。试验证明，大多数枣果在果面红色达1/3时采收，即初红时最耐贮藏。所以，贮藏鲜枣应以初红果为主。长期贮藏的要选择白熟期到脆熟早期的枣果，果面微红至少半红；中长期贮藏可选择脆熟中期的枣果，果面半红以下至半红；短期贮藏的成熟度可选择脆熟期，果面为大半红、半红。

最好于早晨、傍晚或阴凉天气采收。由于枣花期很长，结果有早有迟，所以成熟期也有早有迟，应该按照要求分批采摘，以求每次采收的枣果成熟度一致。

（二）采收方法

采收时要手采，不能用棍棒打枝、摇树震动或喷施乙烯利辅助脱落的办法，以免造成机械伤害和激素催熟而影响贮藏效果。采收时应戴手套，防止指甲碰伤果实，轻摘轻放，并剔除病虫果、残果、皱果等。

采收时保留果柄，是提高鲜枣耐贮性的重要措施。据对‘冬枣’的保鲜试验证明，不带果柄的‘冬枣’失水萎蔫快，梗洼处易霉烂，耐贮性大为降低。因此，需要进行贮藏的鲜枣，强调带果柄采摘。

（三）分级

1. 分级标准

分级的主要目的是使产品达到商品化的标准。枣由于品种众多，多数品种间在果实大小、形态颜色等方面存在较大差异。即使同一品种，由于枣的花期很长，能持续1个月左右，有时同一枣吊上的果实由于生长发育时间不同，在大小、颜色成熟度方面，都有很大差异。挑选分级先在田间树下，去掉树枝杂叶，挑出有病虫害、畸形、个头过小的枣果。

不同地区对于不同鲜食枣有不同的等级要求，但作为基本的要求，鲜食枣果实需要保证品种纯正，脆熟期后期至完熟期采收的果实；果形完整端正，发育正常，色泽好；果面新鲜洁净，无其他残留物；无异味，无不正常的外来水分；精细采摘；无杂质。一般按照果实大小、色泽、整齐度、着色面积、可溶固形物含量及缺陷果率等指标，参考国家或城市（如北京）等主要鲜食枣果质量等级标准，鲜食枣果质量等级可以分为特级、一级、二级和三级等4个级别（表6-1）。

表6-1　鲜食枣果质量等级表

等级			特级	一级	二级	三级
果实整齐度/%			0 ~ 20.0	0 ~ 20.0	20.1 ~ 49.9	20.1 ~ 49.9
着色面积比			1/3以上	1/3以上	1/4以上	1/5以上
主要鲜食品种	可溶性固形物/%	平均单果重/克	单果重/克			
冬枣	≥30	17.5	≥22.0	21.9 ~ 18.0	17.9 ~ 12.0	11.9 ~ 7.0
梨枣	≥28	28.5	≥32.1	32.0 ~ 28.1	28.0 ~ 22.1	22.0 ~ 17.0
京枣18	≥31	11.7	≥15.0	14.9 ~ 12.0	11.9 ~ 8.0	7.9 ~ 5.0
京枣31	≥31	12.6	≥16.0	15.9 ~ 13.0	12.9 ~ 9.0	8.9 ~ 5.0
京枣39	≥25	26.3	≥32.0	31.9 ~ 26.0	25.9 ~ 18.0	17.9 ~ 11.0
京枣60	≥26	24.6	≥30.0	29.9 ~ 25.0	24.9 ~ 18.0	17.9 ~ 11.0
马牙枣	≥26	8.1	≥9.0	8.9 ~ 8.0	7.9 ~ 7.0	6.9 ~ 6.0
郎家园枣	≥31	7.4	≥8.0	7.9 ~ 7.0	6.9 ~ 6.0	5.9 ~ 5.0
缺陷果率	浆烂果		0	0	0	≤1%
	病虫果		0	0	≤1%	≤1%
	外力损伤果		0	≤1%	≤2%	≤2%
	日灼果		≤1%	≤1%	≤2%	≤3%
	裂果		≤1%	≤2%	≤2%	≤3%
	总缺陷果		≤2%	≤4%	≤7%	≤10%

外观观测检验方法：将样品放在干净的平面上，在自然光下，通过目测观察枣果的形状、着色、果面色泽等性状是否具有本品种的固有特性并判定同一等级果形和色泽的一致程度；果面是否有外来水分、残留物。

果实整齐度检验方法：从某一级别的果样中随机抽取3个包装，从每个包装中随机抽取10个单果，全部用天平单个称重，计算所抽果样的整齐度。整齐度＝（所抽果样中最大单果重－所抽果样中最小单果重）/所抽果样单果重平均值×100%。

缺陷果检验方法：逐个检查样品果有无缺陷，同一果上有两项或两项以上缺陷时，只记录对品质影响最重的一项，计算缺陷果所占比例。缺陷果比例＝缺陷果个数／样品果总数×100%。

2. 分级设备

单纯依靠人工进行检测分级，劳动强度极大，在这个过程中容易误检错分。枣果分级机械属于一种水果的分级筛选机械，实现了选枣的机械化，从而降低了劳动强度，提高了工作效率，消除了人为因素影响，选枣的质量较高，一致性好，结构简单、合理，制造成本低，除用于鲜枣外，还可用于其他类似水果的筛选分级。这种选枣机通过安装在机架上部的多排转轮及通过输送带，与机架下部安装的多排主动转轮连接在一起，主动转轮的轴通过减速机构与电动机的轴连接在一起，机架上部的转轮之间的间隙前宽后窄，机架的前端安装有出枣斜板、后端有进枣斜板，机架上部的各转轮下方有侧向出枣斜板。而且一般机械都可以做到传送带出果落差小，分级过程不会对果造成二次伤害；与水果接触的部位全部加厚软包，分级过程不伤果，分级尺寸任意可调；采用全不锈钢材质制造而成，高硬度机身不变形，设备结实，同时配备上料大果盘，可以挑拣坏果。

在山东、湖北、河南、河北、江苏、浙江等省均有公司生产此类机械，随着科技的进步，分选技术会越来越先进。

近些年鲜枣自动分级包装生产线已经出现，它是基于集成分拣、分级包装的策略，设计能够实现冬枣坏果剔除、分级分选、自动输送、称重、填充、封箱等功能的自动包装生产线，确定生产布局方式和工艺流程，完成鲜枣自动包装生产线的时间同步化。与传统手工方式相比较，此类生产线实现了鲜枣定量包装的自动化，减轻了工人的劳动强度，提高了生产效率。再加上相关智能化设备，如在机械结构模块上搭载其他模块构成基于机器视觉的鲜枣检测分级系统，通过对鲜枣图像缺陷、颜色、大小及形状四个特征信息进行提取，并将信息整理后传输到上位机终端，不仅可以对图像缺陷、颜色、大小及形状等特征信息进行采集与保存，还可以自动实现综合分级。

第二节　贮藏

脆熟期的鲜枣果一般情况下，随采随销，或直接加工蜜枣、糖枣等。鲜枣上市时间很短，远远满足不了市场之需。鲜枣具有含糖高、代谢旺盛、皮薄、表皮保护组织不发达、水分易蒸发等特点。如在低温保湿条件下，鲜枣水分、糖分、维生素等含量，能相对保持一定时期，便于鲜枣加工利用。所有储存条件都要符合《食品安全国家标准 食品生产通用卫生规范》（GB 14881—2013）的要求。

一、鲜枣果实的贮藏期病害

枣果采后贮藏期间的病害可分为两种类型，一种是生理病害，即果实在贮藏过程中，由于生理活动受到不适宜的外界条件干扰而造成的；另一种是病理病害（侵染性病害），即由病原微生物引起的。

（一）生理性病害

1.酒化、褐变

在枣果贮藏过程中，随着果实组织的老化，细胞透氧能力的降低，枣果组织内部易发生缺氧呼吸，果实积累一定的乙醇、乙醛，导致酒化。根据陈祖钺的测定，枣果变软时褐变组织中乙醇含量为0.28% ~ 0.29%，而鲜枣组织中仅含0.09%；随着果实的衰老，枣果中的乙醇含量显著增加，当枣果乙醇含量达到0.2%时，果实就开始软化，呼吸也减弱，这表明细胞组织大部分已经中毒死亡。例如'冬枣'对CO_2很敏感，研究表明，'冬枣'的最适气调贮藏范围是：O_2浓度8.0% ~ 12.0%、CO_2浓度低于0.5%，一旦O_2浓度低于8.0%或CO_2浓度高于0.5%，就容易酒化发酵。枣果果肉组织的褐变与细胞内酚类物质及多酚氧化酶（PPO）的区域性分布有关，有研究也发现，酒化与褐变是密切相关的，发生酒化的枣果通常都会产生褐变。

2.低温伤害

按照低温程度的不同，植物的低温伤害可分为冷害和冻害2大类。对'郎枣'和'蛤蟆枣'的研究表明，在一定范围内，低温能有效地保持枣果品质，提高鲜枣贮藏效果，但低于冰点温度时会产生冻伤，并报道半红期鲜枣的冰点为−2.4 ~ 3.8℃，全红期鲜枣的冰点为−4.8 ~ 5.9℃。研究发现，转色期采收的'桐柏大枣'在−2℃下贮藏时即产生冻害。据试验观察，有些品种如'梨枣'在−2 ~ 0℃低温贮藏后期果肉开始变软并呈褐色，腐烂果伴有水渍状凹陷点，但没有出现冻害症状，推测是由于冷害所致。研究发现，成熟'冬枣'在−3℃下贮藏时，在4个月的贮藏期内未发生冷害或冻害。不同品种的枣果在对低温的反应方面存在较大的差别，这可能与其品种特性有关，也可能与品种的成熟度差异有关。

（二）侵染性病害

侵染性病害是影响枣果贮藏效果的主要因素，病原菌的种类复杂，既有真菌也有细菌，而且往往是多种病原菌复合侵染所致。真菌的侵入途径除伤口外，还可以通过自然孔口侵入和表皮直接侵入；细菌的侵入途径主要是通过皮孔和伤口。潜伏性病菌通过气孔、皮孔或直接穿透表皮细胞进入到细胞间隙中潜伏，并随着果实采后成熟和衰老，潜伏真菌逐渐活化为致病状态，从而使果实表现出病症。

1. 潜伏侵染性病害

潜伏侵染是果实采后病害的一个重要特点，由于难以预测和控制，对果实贮藏构成了严重的威胁。引起枣果采后腐烂的病原菌绝大多数是在田间侵染果实，主要侵染时期是花期和幼果期，之后一直潜伏在果实内部，随着贮藏时间的延长，果实的抗病能力逐渐下降，而病原菌的发病能力逐渐增强。正常贮藏条件下一般在贮藏后期发病。对'冬枣'病原试验的结果表明，室温下黑曲霉的致病力优于细交链孢菌，是常温下的优势致病菌；低温下贮藏后期的致病菌为细交链孢菌。细交链孢菌作为优势潜伏侵染菌在许多果实上已有报道，作为贮藏期枣果的主要致腐病原物，可在花期和果实发育期通过各种途径侵入果肉组织而潜伏至贮藏期间发病。枣果实的病原菌种类十分复杂，不同枣果病原菌的差异可能与品种有关，也可能与产地有关。

2. 伤口感染引起的病害

病原菌可以通过果柄脱落后的孔口入侵，但更主要的是通过各种自然因素和人为因素造成的伤口入侵，如采收时造成的伤口，采后处理、加工包装以至贮运装卸过程中的擦伤、碰伤、压伤、刺伤等机械伤以及裂果、虫口等，这是枣果采后病害的重要侵入方式。多数真菌及软腐病细菌都是从伤口侵入的。这些由机械伤感染引起的腐烂可以通过减少在采收过程中的伤口来控制，也可以通过表面消毒措施解决。

（三）枣果的病害防治措施

采后果实自脱离母体开始就逐步走向衰老死亡，经历着机体生理劣变、防御机制削弱及病原菌侵染等变化过程。要减少采后由病害引起的腐烂有两种途径，一是通过直接杀灭病原菌，二是通过抑制病原菌生长的环境条件间接减少病原菌的侵染和发病。

1. 采前田间综合防治

有些病原菌在采前即侵染并潜伏在果实内，采后的防治措施只是补救措施且效果不一定好。因此，坚持"预防为主"的原则，在采前及时进行预先防治，可以减少田间潜在的病原菌数量，显著抑制采后病原菌的活动。使用药剂时，既要最大限度地发挥药剂的效果，又要努力消除或避免其引起的不良影响，达到合理使用药剂的目的。

2. 采摘方式及采后处理

人工采摘是避免造成鲜枣机械损伤的采收方式。在采摘时切忌用手揪拉或者是拧拉果实，这样会使果柄与果实断开，在梗洼处留下伤口，很容易受微生物的侵染而导致枣果腐烂，所以采摘时尽可能保留果柄。

采收后欲贮藏的枣果在入库前应先挑选分级，剔除病虫果和机械伤果。因枣果受伤后呼吸作用和水分蒸发速度加快，伤口部位极易失水皱缩，并可为病原微生物的入侵提供入口，从而导致枣果发病腐烂，且易感染其他枣果，所以枣果在入贮前应进行严格的挑选，根据果实大小和品质高低分级码放，采后一切操作服从"轻拿、轻放、轻装"的原则，防止出现机械损伤，以减少贮藏期发病。

3. 入库前的防腐处理

鲜枣在采收、运输过程中难免受各种机械损伤，而枣果本身又携带病原菌，采后直接入库贮藏容易生霉腐烂，这直接影响鲜枣的保鲜效果，所以必须在采后入库前对其进行消毒处理。尤其是'冬枣'，其皮薄肉脆，更易在贮藏期间在梗洼及表面伤口处感染霉菌，造成这些部位的软化和腐烂。通过在贮藏前用适当的药物进行表面消毒，可以杀灭附着的微生物，提高贮藏效果。对'冬枣'的研究发现，'冬枣'采后经消毒处理，完全可以控制因表面微生物造成的腐烂，经4个月贮藏，好果率仍可达98%以上，而且果实的机械伤口能够愈合，大大提高保鲜效果。

4. 生物防治

化学防治仍是控制果实采后病害的重要方法，但现在这种方法越来越多地受到质疑，这就迫使人们去寻求更安全有效的采后防病新途径，即生物防治。生物防治技术应从以下方面考虑，一是拮抗微生物的选用，目前已经从植物和土壤中分离出许多具有拮抗作用的细菌、真菌和酵母菌，这些微生物对引起果实采后腐烂的许多病原真菌都有明显的抑制作用；二是自然抗病物质的利用，如天然物质茉莉酸甲酯和新型乙烯作用抑制剂"1-甲基环丙烯"，可以诱导提高果实的抗病性，延缓果实的后熟衰老以保持天然抗病性，从而减少果实采后腐烂，保持品质和延长贮藏期，这也是近年来国际上果实保鲜技术发展的新方向；三是采后产品抗性的诱导，近年来许多研究致力于提高采后果实的免疫力或诱导采后果实的抗病性，并作为果实采后病害生物防治的一个重要手段。已有研究表明，果实采后应用拮抗菌、热、NO及脱乙酰几丁质等生物、物理或化学因子处理都能诱导提高抗病性，从而减轻贮藏病害的发生。

二、影响鲜枣贮藏的因素和条件

（一）品种

用于贮藏的品种，必须同时具备商品性状良好和耐贮运两大特征，而耐贮藏性则是多种性状的综合表现。我国栽培的鲜食枣品种极多，贮藏性因品种不同而有差异。一般早中熟品种耐贮性差，不适宜进行长期贮存，宜随采随销，避免损失。而对一些晚熟品种，如'冬枣''雪枣'等可以通过贮存，延长市场销售时间和抓市场空档销售，提高售价，增加收入，其中'冬枣'的品质及耐贮性最好。一般晚熟品种，常温自然条件下可贮存5~7天。在科学管理、低温等条件下，有的品种，如'薛城冬枣''沾化冬枣'，保鲜期可达9月以上。大果较小果品种耐贮藏。晚熟、果面光滑、果皮厚韧、果肉质密脆硬、品质上等、干物质含量高，具有上述性状的品种均耐贮藏。

（二）成熟度

枣果采收时的成熟度对其贮藏寿命有很大影响，一般成熟度低的枣果更耐贮藏，随着成熟度的提高保鲜期逐渐缩短，完红果已失去耐贮性。然而，枣果的成熟度不足时，果皮组织发育不全，易失水，也是不耐贮藏的，同时果肉内的糖分、有机酸并未完全转化，无论是贮前还是贮后品质都不好。因此，对于用于贮藏的枣果，要根据不同品种选择合适的采收期，兼顾枣果的耐贮性和品质。采前成熟度对果实贮藏品质影响较大，成熟度愈高贮藏性愈差，但是采后果实转红与成熟度之间的关系并不如此绝对，在10℃贮藏条件下，即使果面已全部转红，也能贮藏较长时间。

（三）贮藏条件

1. 枣果水分及冷库内相对湿度

鲜枣的含水量是保鲜的重要指标之一，水分的多少直接影响酶的活性及呼吸作用的强弱。枣幼果含水量90%左右，白熟期60%左右，完熟期为45%左右。果实内水分不足，供应与蒸腾失去平衡，出大于入，果实出现沟纹或皱缩，失去保鲜效果；水分过大，会出现裂果现象。鲜食品种的枣极易丢失水分，而失水的果实在呼吸上增强、细胞膜透性改变，加速了果实的衰老过程。因此，枣果贮期保持湿度相当重要。用于长期贮藏的鲜枣内部水分要控制在55%~60%，贮藏库的相对湿度要保持在90%~95%。

2. 温度

低温下可以降低鲜枣果实的呼吸强度，减缓枣果水分的散失，同时能够抑制多数微生物的活动，从而增长保鲜期。在果实可承受的温度内，越低的温度对果实的保鲜作用越明显。目前较为一致的观点是在不影响枣果正常代谢的条件下，适当降低贮藏的温度。因此控制和调节适当的温度，是保鲜的重要环节。枣半红期的冰点温度为-2～-1℃，全红期为-5～-2℃。贮藏中应尽量在不发生冷害的情况下降低贮藏温度，保持在-1～0℃。温度过高，呼吸作用加强，代谢加快，消耗糖分及有机物质的量增加，产生发酵，导致果实衰老，营养物质损失，失去保鲜目的；温度过低会发生低温伤害。枣果实由绿变红时，果实中的果胶酶大量增加，导致枣脆度下降，因此在贮藏中保持低温，可抑制酶活性，延缓衰老。

研究表明采用塑料薄膜包装并在低温条件下贮藏可明显降低果实呼吸强度，减缓了代谢过程，也抑制了果面色素转化，常温下9天果面全面转红，而在0℃条件下贮藏63天，果面转红指数只达到71.1%。

3. 气体成分

氧气（O_2）及二氧化碳（CO_2）对鲜枣贮藏产生效果远胜于冷藏效果。适当的低浓度的O_2、CO_2能降低呼吸强度，抑制鲜枣的呼吸作用，推迟成熟和衰老，减少内部糖分及其他有机物质的消耗和降解；可以抑制乙烯的合成；还具有抑制某些生理病害和病理性病害的发生作用，减少贮藏过程中的腐败损失。一般将CO_2浓度控制在2%以下，O_2浓度控制在3%～5%，这种气体组分贮藏效果较为理想。在低O_2和高CO_2出现时鲜枣会迅速开始无氧呼吸，引起果实酒化、褐变。不同枣果对气体的反应不同，多数研究结果证实鲜枣对低CO_2比对低O_2更灵敏，贮藏期间环境的CO_2浓度要小于2%。

4. 乙烯

乙烯是促进果实成熟的一种催熟剂，是造成枣果实衰老的主要物质，环境温度、果实硬度的变化与乙烯的释放量密切相关，温度越高，乙烯释放量越多。过多的乙烯可以使枣大量失水，果胶物质转化，果肉脆度直线下降，失去鲜食风味，对贮藏不利。果实在半红期和白熟期时，乙烯释放量一直处于上升状态，出现2次最高峰，随后下降。采后'冬枣'的乙烯释放量低，在冷藏期间乙烯释放量出现2次显著高峰值，并测定到2个乙烯释放高峰时间，若在第1个高峰期时进行气调，乙烯释放量能够降到很低，在第2个高峰期时经气调处理的果实，乙烯释放峰值比普通冷藏延迟14天。说明2次高峰期之间是延长'冬枣'贮藏的关键时期。

三、贮藏保鲜技术

（一）低温保鲜

低温保鲜技术是指将果实置于低于外界温度的环境中，降低果实的呼吸强度，抑制酶的活性，来延长贮藏期的技术。果实在4℃条件下贮藏第2周开始酒软，第3周失去鲜食价值，第4周完全酒化。在温度－3～－1℃、相对湿度85%～95%条件下，将'冬枣'初红果储存84天时脆果率仍能保持较高水平。研究表明，'冬枣'在0℃时抑制呼吸速率，呼吸强度呈直线下降趋势，且乙烯释放无明显高峰，没有跃变现象，延缓果实表皮叶绿素与硬度的下降，维生素C与可溶性固形物都一直处于较高水平，抑制淀粉酶的活性，减少物质的消耗，延长保鲜期。

（二）气调贮藏

气调保鲜技术是指控制贮藏环境的各种气体在一定比例范围内，达到抑制呼吸速率、降低生命活动强度的贮藏技术。基本方法是采用合适比例的O_2和CO_2来抑制贮藏果实的呼吸强度，降低其新陈代谢速率，保持较好的品质。而枣果贮藏期间易因CO_2浓度过高而出现酒化和褐变，因此在实际的生产中，需要针对不同的枣果筛选合适的气体比例。

研究表明在5%～6% O_2、0～0.5% CO_2的气体成分下，能很好地减缓'冬枣'抗坏血酸含量的降低，减少乙烯的释放，降低有害物质积累，延长贮藏期至90天；在温度（-1.5±0.5）℃条件下，气体成分为3%～5% O_2、0～0.5% CO_2时，维生素C含量处于较高水平，乙烯释放量、乙醇与乙醛含量达到最低，保持表皮硬度，推迟高峰期的出现。研究'骏枣'时发现3% O_2、1% CO_2和5% O_2、1% CO_2都能显著降低枣果的呼吸强度和乙烯释放量，使其细胞膜保持完整，延缓转红和变软的进程。气调贮藏可以改变'壶瓶枣'的角质层代谢和果肉细胞分解等多种方式来增长枣果的保鲜期。随着气调技术的不断成熟，发现少量CO对'冬枣'衰老有控制作用，10摩尔/升CO熏蒸可有效抑制脂质氧化损伤，降低自由基含量，保持酶的高活性，且'冬枣'需在O_2不能低于3%气调，CO_2控制0.5%以下，否则易发酵褐变。

（三）保鲜剂处理

保鲜剂处理是使用人工合成或天然生物提取的化学物质处理果实，从而抑制微生物发育繁殖进程的技术。如对枣幼果喷洒50毫克/升亚硒酸钠时可提高果实的甜酸比，维持维生素C、总黄酮和多糖的含量。氯化钙处理能减少枣果中抗坏血酸的损耗，保持果实较高的硬度；在10克/升的氯化钙处理下，枣果具有较高的抗氧化酶活性，减少枣果丙二醛积累。

1. 赤霉素

'冬枣'采后用50微克/升的赤霉素溶液浸泡30分钟后，于(0±1)℃环境中存放，能抑制枣果过氧化物酶、超氧化物歧化酶（SOD）以及过氧化氢酶（CAT）活性下降，降低丙二醛积累，从而抑制枣果的成熟衰老，效果明显。脆枣采后用赤霉素30毫克/升处理，较好地保持了硬度，抑制了乙醛、乙醇含量的上升以及乙醇脱氢酶和多酚氧化酶的活性，降低了呼吸强度和乙烯释放速率，推迟了酒化和褐变的发生。于枣果采收前喷布10～15毫克/升的赤霉素，对枣果呼吸、后熟、衰老起到积极的抑制作用，提高采后果实的贮藏性。

2. 1-MCP

'冬枣'采后先用500微克/升50%咪鲜胺锰盐浸泡5分钟，晾干后再用500纳升/升的1-甲基环丙烯（1-MCP）密闭熏24小时后，0℃冷库中贮藏，延缓了果实转红，而且降低了果实腐烂程度。'冬枣'采后常温下在含有1000纳升/升的1-MCP气体的塑料帐内室温密封24小时，能够延缓冬枣在常温贮藏过程中硬度的下降，提高可溶性固形物含量，延缓维生素C含量降低。研究表明1-MCP处理虽能明显地降低乙烯释放速率，但对'冬枣'半红期前的呼吸速率无明显作用，在半红期后反而促进了呼吸，表现出其呼吸不依赖于乙烯的特性。由此推测，1-MCP对枣果实呼吸速率的影响因品种、成熟度等因素而异。将成熟度为果面3/4红的'九龙金枣'用600纳升/升的1-MCP熏蒸处理24小时，置于−1～0℃冷库中贮藏，相对湿度90%～95%，可抑制'九龙金枣'多聚半乳糖醛酸酶（PG）、PPO、过氧化物酶（POD）活性和增强氧化氢酶（CAT）活性的作用，使叶绿素、抗坏血酸以及果实硬度得以较好地保持，贮藏100天好果率90%。

3. 壳聚糖

研究表明，'冬枣'用壳聚糖（20克/升）涂膜+热水（50℃，20分钟）处理，保鲜效果好，能有效地保持'冬枣'的贮藏品质，延长货架期，该处理贮藏25天后的果实烂果率仅为40%，失重率和呼吸速率分别为6.7%和91.4毫克CO_2/（克·小时），果实硬度和维生素C含量分别为9.2千克/平方厘米和2.6毫克/克。对'灵武长枣'在浓度2%的壳聚糖涂膜液中浸泡3分钟，并装入聚乙烯（PE）袋中，在（0±0.5）℃、90%相对湿度（PE袋中）的条件下贮藏60天，对'灵武长枣'的保鲜效果佳，保持硬度，硬度为11千克/平方厘米；失重率仅为9%，是对照处理的1/4；可滴定酸含量为1.5%。对'冬枣'果实采后用1.0%的壳聚糖涂膜剂浸泡40秒，形成均匀的薄膜，取出自然风干，放在保鲜盒中用市售PE保鲜膜密封，置于（0±0.5）℃冷库中保藏，可降低呼吸强度。硬度、可滴定酸含量和维生素C含量下降最缓慢，降低腐烂率。

4. 溶菌酶复合涂膜

对采后鲜枣用质量分数为0.05%、0.5%、1.5%的溶菌酶、氯化钙、甘氨酸混合溶液涂膜30秒，待溶菌酶复合液在鲜枣表面完全浸润后捞出，沥干（约45分钟）后，即可在鲜枣表面形成透明、均匀的溶菌酶复合保鲜膜，装入打孔厚度0.18毫米，20厘米×30厘米氯化聚丙烯（CPP）包装袋中，于（0±0.5）℃的冷库中贮藏，保鲜效果佳，经过90天的贮藏，可延缓鲜枣果实中可滴定酸含量的下降和颜色变化以及还原糖含量上升；降低质量损失和乙醇积累量；减缓丙二醛含量的上升和硬度的下降；防止维生素C、环磷酸腺苷（cAMP）和总黄酮等营养物质的流失，损失率最高可比对照组低42.5%。

（四）涂膜贮藏

涂膜贮藏是指在果实表面涂上一层高分子液态膜隔离果实与空气进行气体交换，抑制呼吸作用，减少水分蒸发，抑制外界病原菌侵染，是一种经济简便的贮藏保鲜技术。

在研究不同质量分数壳聚糖涂膜处理'圆脆红枣''冬枣'的保鲜效果时，得出1.5%壳聚糖涂膜处理可显著降低果实腐烂率，减少果实失水、硬度下降及果实营养的损失，表明壳聚糖涂膜保鲜可以明显延缓'圆脆红枣'采后的衰老，有效延长保鲜期。以水溶性壳聚糖作为美极梅奇酵母菌的载体复合涂膜剂，发现0.1%（质量浓度）水溶性壳聚糖能够增强酵母菌的定殖能力，使'冬枣'的腐烂率达到最低，减少营养成分损失。研究发现脱落酸和壳聚糖+纳米二氧化硅+海藻酸钠复合膜处理提高叶绿素含量，具有抑制SOD、PPO和L-苯丙氨酸解氨酶（PAL）酶活性作用。还有研究认为溶菌酶复合涂膜处理能延缓鲜枣可滴定酸含量下降和还原糖含量上升，减少抗坏血酸、cAMP和总黄酮等的流失，减少丙二醛（MDA）积累。以羧甲基纤维素可食性膜有效维持'冬枣'的硬度，降低呼吸强度和蒸腾等作用，延长'冬枣'的贮藏保鲜期。

（五）臭氧贮藏

臭氧保鲜技术是指通过臭氧（O_3）的超强氧化性破坏微生物细胞结构，使微生物死亡，抑制并延缓有机物的分解，能杀灭果实上霉菌及虫卵并抑制其繁殖，达到消毒杀菌的功效，氧化果实新陈代谢产物，减少果皮上的农药残留，减少枣果腐烂，氧化乙烯，防止了枣果酒化的产生和霉烂，达到保鲜的作用。臭氧处理不仅能有效抑制果实的腐烂，还能延缓维生素C、硬度和可溶性固形物的下降。对'灵武长枣'的研究中发现，臭氧处理后的枣果还原糖含量、维生素C含量明显提高，能延长枣果保鲜期至90天。对'冬枣'的研究中发现，当臭氧浓度为每立方米40毫克时可使低温冷藏的'冬枣'保鲜期达120天；当臭氧浓度为每立方米60毫克并密闭熏蒸1小时时，可使'冬枣'贮存期比常规保鲜延长49天。

（六）减压贮藏

减压保鲜技术是指抽出贮藏环境中的部分气体，使果实处于恒定低压、低温的气体环境中，使氧气浓度低，自由基产生减少，降低呼吸强度，抑制乙烯的生成，延缓果实衰老的技术。研究证实，减压贮藏可以延缓'冬枣'成熟衰老，延长'冬枣'保鲜期，颜延才等对'赞皇大枣'及'朝阳平顶枣'的研究得到相同的结果。进一步研究表明，减压贮藏能降低鲜枣呼吸速率，防止果实的褐变、腐烂，同时抑制霉菌的孢子繁殖，杀死有害昆虫，同时减少使用杀虫剂对人体的危害。在生产中可以选用50.7千帕或81.1千帕的低压条件下贮藏'冬枣'，可抑制果实的呼吸强度，降低酶的活性与维生素C损失，减缓可溶性固形物含量增加，延缓果实衰老进程。该技术具有贮藏容积大、易操作及高效率等优点。

（七）热处理保鲜

热处理保鲜技术是指将果实置于热空气、热蒸汽或热水中，通过高温处理杀死果实表面病原菌，降低果实发病率、腐烂率和软果率，达到保鲜的目的。研究发现热处理能够保持'冬枣'的硬度，抑制维生素C分解，降低果实腐烂率，在50℃/6分钟热处理条件下对'冬枣'的腐烂抑制作用效果最佳，这与曹志敏等研究结果相似，用53℃热水处理6分钟效果较好，可有效地延缓'冬枣'果实的衰老。热水处理'冬枣'优于热空气、热蒸汽处理，后两者均不能有效地延长贮存期。

（八）微生物保鲜

微生物保鲜技术是指利用生物体自身成分或其代谢产物隔离果实与空气直接接触的保鲜技术。微生物保鲜主要包括菌体保鲜、代谢产物保鲜和多糖保鲜等方式。采用拮抗酵母菌处理'冬枣'果实，拮抗酵母菌处理可减少致病菌引起的腐烂、病斑，并能提高'冬枣'的贮藏品质。研究发现将'冬枣'提取物合成了银纳米粒子，对大肠杆菌和金黄色葡萄球菌具有显著的抗菌活性。纳他霉素能够专性地抑制酵母菌与霉菌，不但能有效地延长'冬枣'的货架期，而且不影响果实的风味。

（九）天然提取物保鲜

天然提取物是从生物体内通过物理或化学分离方法提取的活性物质，该物质具有抑菌、抗氧化和杀虫作用，能抑制果实表面微生物活性，降低果实生理代谢水平。植物芳香成分中的精油是主要的抗菌物质，其中所含的具有氧化功能的醛类和酚类，可以抑制果实表面病原菌活性。研究发现，0.5%的丁香精油能够提高'冬枣'的PAL、PPO和POD活性，提高总酚含量，降低腐烂指数；稀释10倍的银杏叶提取液对'冬枣'也有一定的保鲜效果，在一定程度上能够延缓'冬枣'失重率和腐烂率的上升，减缓'冬枣'的软化。

（十）复合保鲜方法

目前控制腐烂最有效的措施是低温贮存结合化学保鲜剂的应用，但由于化学保鲜剂易残留，对环境及人体健康有不良影响，所以学者们不断地研究希望获得更有效、更健康的复合保鲜方法。研究表明，800毫克/千克的纳他霉素和3%的氯化钙溶液与冰温贮藏相结合，可以更好地提高果实贮藏期的好果率，降低果实硬度下降速率与维生素C的损失，使POD和SOD活性处于较高水平。研究发现海洋酵母与添加剂羧甲基纤维素钠联合使用可使'冬枣'的自然腐败率降至56%，是一种较有前景的保鲜方式。

四、气调冷藏方法

在诸多贮藏办法中，以气调贮藏效果最佳，且出库后货架期鲜活保持力较强。

（一）贮前预冷

鲜枣果保鲜链的前置环节是预冷处理，这是保证枣果鲜活品质的前提，目的是快速散去大量的田间热，减少入贮的冷负荷。另外，预冷处理，还可避免因立即进入冷贮状态而容易出现的冷害现象。枣果采收后至3～5℃预冷1～2小时，可适当抑制枣果的生理活动，是防止果肉褐变和软化的有效方法。

（二）冷库清洁

鲜枣收获半个月前要对冷库制冷设备、电器装置进行养护和检修，然后对库房进行清扫及消毒。库房工具或容器消毒可用0.25%的次氯酸钙溶液浸泡或刷白，有条件可在阳光下暴晒；库房可用1%～2%福尔马林、84消毒液、0.5%漂白粉、10%石灰水与1%～2%硫酸铜混合液等消毒剂喷洒墙面、地面；再用甲醛与高锰酸钾按5:1的比例混合的液体熏蒸，每立方米5毫升；或用每立方米

15 ~ 20克硫黄熏蒸24 ~ 48小时，再通风后入库。入库前1周降温至-1℃，并保持稳定。

入库时注意，果箱离侧墙10 ~ 15厘米，离屋顶大于60厘米，箱距大于1厘米，主通道40厘米。

（三）贮藏条件

1. 温、湿度条件

贮藏温、湿度是影响枣果贮藏效果的主要因素，枣果冰点比一般水果低，在高于枣冰点范围内，温度越高，呼吸作用越强，贮藏期越短，反之越长；低于冰点时会发生冻害。根据品种不同，可采取温度为0 ~ 1℃，且在冰点之上进行调节，相对湿度为90% ~ 95%为宜，贮后果实的硬度及脱氧核酶活性变化平稳，口感良好，其风味得到保持。

2. 气体条件

气调贮藏，高二氧化碳，可引起果实中毒或发生无氧呼吸，加速鲜枣软化褐变。在冷藏条件下，适宜的气体指标应为二氧化碳2% ~ 4%，氧气3% ~ 6%。

3. 辅助措施

保鲜包装与药物处理是保鲜必要的辅助措施，保鲜包装、保鲜剂处理与低温配合可获得理想效果。如聚氯乙烯（PVC）打孔袋包装、氯化钙溶液处理等，都是鲜食枣果贮藏中有效的保鲜措施。

（四）包装贮藏

将经过挑选按成熟度和果个大小分级的鲜枣（预冷1 ~ 2小时），用2%氯化钙或30毫克/千克的赤霉素浸果30分钟，可提高果实的贮藏效果，浸泡处理后的果实应及时晾干后再装袋贮藏。装入0.01 ~ 0.02毫米厚的无毒聚氯乙烯或聚乙烯薄膜袋中，每袋装果不超过2.5千克，袋中部两侧各打2个直径约1厘米的小孔，然后扎口竖立摆放在多层贮藏架上。采用箱内衬保鲜袋方法时，最好用0.03毫米厚无毒聚氯乙烯薄膜，每箱不超过10千克，装果后袋口不能封死，对折掩口即可。掩口前，应敞口充分预冷，待果温降至接近贮藏温度时再掩口封箱码垛贮藏。果箱应采用"品"字形堆放，箱间应留出通风道。

（五）贮藏后管理

除调节温度（0 ~ 1℃）、湿度（90% ~ 95%）、气体（二氧化碳2% ~ 4%，氧气3% ~ 6%）成分外，每隔7 ~ 10天抽样检查一次，及时处理不宜继续贮藏的枣果。

第三节　包装、运输和销售

一、包装

　　良好的包装可以保障产品的安全运输和贮藏，减少产品间的摩擦、碰撞和挤压造成的机械伤，减少病虫害的蔓延和水分蒸发，设计精美的销售包装也是商品重要组成部分。

　　鲜枣的呼吸旺盛、易失水，对CO_2、乙醇等气体敏感，果皮薄，不抗挤压碰撞等，运输包装应尽量采用纸箱，因为纸箱质软有弹性，也有一定的强度，可抵抗外来冲击和振荡，对果实有良好保护作用；贮藏包装应视贮藏期长短和方式的不同选用塑料箱、木箱、纸箱等内衬薄膜或打孔塑料袋分层堆放等方式，容量一般为5～10千克为宜，销售包装应采用透明塑料袋、带孔塑料袋或网袋包装，也可放置塑料或纸托盘上，再覆以透明薄膜，既能创造一个保水保鲜的环境，起到延长货架期的作用，也增加了商品的美观度，便于吸引顾客。

　　所有包装措施都要符合《食品安全国家标准　预包装食品标签通则》（GB 7718—2011）的要求。

二、运输

　　根据鲜枣的生理特性和货架期较短的特点，鲜枣运输应以公路和航空运输为主。运输实际上是一种动态的贮藏，运输的温湿度条件最好能模拟贮藏条件。也可考虑采用节能保温运输或低温运输的方式。节能保温运输是先将产品预冷到一定低温或经冷藏后用普通卡车在常温下进行运输，保持质量的关键是用具有良好隔热保温作用的棉被或草帘等将产品包裹起来，以保证在运输过程中产品保持较低的温度；采用冷藏车低温运输是较为先进的运输方式，能够保持产品在运输过程中处在一定的低温环境中，对保持果品的品质有不可替代的作用。鲜枣运输要做到以下几点。

1. 快装快运

　　鲜枣采后仍然是一个活的有机体，新陈代谢旺盛，由于断绝了母体的营养来源，只能凭借自身采前积累的营养物质的分解，来提供生命活动所需要的能量。鲜枣呼吸越强，营养物质消耗越多，品质下降越快。运输是鲜枣流通的一种手段，它的最终目的地是销售市场或贮藏库。一般而言，运输过程中的环境条件是难以控制的，很难满足运输要求，特别是气候的变化和道路的颠簸，极易对鲜枣质量造成不良影响。因此，运输中的装卸、行驶各个环节一定要快，使鲜枣迅速到达目的地。

2. 轻装轻卸

合理的装卸直接关系到鲜枣运输的质量，由于其含水量较多属于鲜嫩易腐性产品。如果装卸粗放，产品极易受伤，导致腐烂，这是目前运输中存在的普遍问题，也是引起鲜枣采后损失的一个主要原因。因此，装卸过程中一定要做到轻装轻卸。

3. 防热防冻

运输温度过高，会加快鲜枣衰老，使品质下降；温度过低，又容易遭受冷害或冻害。此外，运输过程中温度波动频繁或过大，都对保持鲜枣质量不利。现代很多交通工具配备了调温装置，如冷藏卡车、铁路的加冰保温车和机械保温车、冷藏轮船以及近年发展的冷藏气调集装箱、冷藏减压集装箱等。然而，我国目前这类运输工具应用还不是很普遍，因此必须重视利用自然条件和人工管理来防热防冻。日晒会使温度升高，提高枣果呼吸强度，加速自然损耗；雨淋则影响包装的完美，过多的含水量也有利于微生物的生长和繁殖，加速枣果腐烂。遮盖是防热、防冻、防雨淋最常用的处理方法，应根据不同的环境条件采用不同的措施。此外，在温度较高的情况下，还应注意通风散热。

运输中应做好质量检查，使用合理的包装和适当码垛方式，装载留有通风空隙，途中保持0～4℃的温度，以保证运输中果品的品质和质量。

三、销售

鲜食枣作为食用农产品，其市场销售要遵照2016年3月1日实施的《食用农产品市场销售质量安全监督管理办法》（国家食品药品监督管理总局令第20号）的规定，在通过农产品的批发市场和零售市场（含农贸市场）、商场、超市、便利店等销售食用农产品的活动中适用此办法。

附录

枣树设施栽培综合管理要点

（1）发芽前管理。扣棚前30 ~ 60天棚内地面全部覆盖地膜，提高地温。

（2）扣棚至开花前管理。枣树发芽后叶面喷施0.3%的尿素1 ~ 2次。

（3）花期管理。花期进行人工辅助授粉，喷施植物生长调节剂，环割。

（4）果期管理。根据实际情况，适时适量疏果。

（5）肥水管理。三肥：早施基肥、及时追肥、叶面喷肥。三水：催芽水、促花水、助果水。

（6）树形选择。应根据树体、品种特性及定植密度，采用合理树形。

（7）修剪技术。冬剪时疏除多余枝条，回缩复壮结果枝。夏剪及时抹芽、除萌，进行摘心、回缩、环割。

（8）有害生物防治。综合防治，化学防治使用低毒高效低残留农药。

（9）温、湿度管理。根据室外温度变化和枣树生长物候，适时适当进行温、湿度调控。夏季高温天气，严格控制棚内温度，防止灼伤。

参考文献

[1]杨飞.山西红枣产业发展现状及对策分析[J].山西林业科技,2018,47(1):38-39,59.

[2]安荣.浅析种植枣树区域类型划分及其栽培技术措施[J].现代园艺,2019(22):18-19.

[3]南精转.临猗县设施栽培枣树产业发展前景探析[J].落叶果树,2019(6):16-17.

[4]邢金香，赵雨明，杨建华，等.大同市枣树设施栽培前景及发展建议[J].山西林业科技,
2015,44(4):54-56.

[5]邢金香,赵洋,于吉祥,等.山西省高寒区枣树设施栽培效益研究[J].山西林业科技,2017,
46(3):24-26.

[6]冯斌.枣树设施栽培研究现状及建议[J].现代农业科技,201l(21):167-169.

[7]景秀文,王五喜,马光跃,等.临猗县不同架构型塑料大棚枣花期温光差异[J].塔里木大学学
报,2016,28(3):25-28.

[8]纪晴,包昌艳，周军，等.避雨栽培对冬枣果实品质的影响[J].经济林研究，2018,36(4):64-72.

[9]安荣,刘鑫,杨飞,等.山西枣树设施栽培现状及问题[J].山西林业科技,2020,49(2):51-54.

[10]宋民斗.大荔冬枣设施栽培产业现状和发展建议[J].北方果树,2021(5):52-55.

[11]张勤,邓景丽,宋淑燕,等.设施灵武长枣栽培模式及配套管理技术果树资源学报,2020,1(4)：
32-33.

[12]夏道芳,石彩华.设施冬枣在宁夏地区发展的潜力探析[J].烟台果树,2020 (2) :4-5.

[13]白琳云,严荣,曹兵，等.覆盖对设施栽培灵武长枣生长和果实品质的影响[J].经济林研
究,2019,39(1):148-154.

[14]张川疆,陈霞,林敏娟.不同枣品种需冷量研究[J].黑龙江农业科学,2019(8):88-92.

[15]高梅秀,姚宗国,鲍明辉,等.枣设施栽培品种的需冷量研究[J].中国果树,2013(6):15-17.

[16]贺润平,杜俊杰,赵飞,等.枣若干品种需冷量测定[J].果树学报,2004,21(2):89-91.

[17]李程琛.设施栽培灵武长枣休眠特性与温度管理调查分析[D].银川:宁夏大学,2016.

[18]杨俊强,陈红玉,申仲妹,等.避雨栽培对宫枣成熟期光合生态因子及光合作用的影响[J].山西农
业科学,2016,44(9):1268-1271,1290.

[19]李囡囡.日光温室栽培枣光合特性研究[D].太原:山西农业大学，2016.

[20]何永波,薛新平,贾民隆，等.设施栽培对宫枣光合特性的影响[J].山西农业科学,2020,48(4):571-
575,579.

[21]安荣,杨飞,刘鑫,等.设施栽培下不同品种枣树叶绿素含量分析[J].花卉,2020(6):26-27.

[22]韩昌烨灵武长枣果实品质形成表现及主要设施栽培因子对品质的影响[D].银川：宁夏大学，2019.

[23]李登科,牛西午,田建保.中国枣品种资源图鉴[M].北京:中国农业出版社,2013.

[24]于吉祥,赵洋,邢金香,等.山西省高寒区枣树设施栽培品种筛选试验[J].山西林业科技,2017,46(2):16-21.

[25]赵爱玲,王永康,薛晓芳,等.适宜设施栽培的枣品种筛选试验[J].果树资源学报,2021,2(5):23-26.

[26]田时敏.几个枣品种日光温室栽培对比研究[D].太原:山西农业大学,2016.

[27]杨建华.枣树实用丰产栽培技术[M].北京:化学工业出版社,2019.

[28]安晓宁,牛艳,杨俊强,等.高寒区鲜食枣设施促早栽培技术[J].农业与技术,2019,39(22):98-99.

[29]陈海龙,刘鑫.山西临猗冬枣设施栽培技术[J].山西林业科技,2019,48(3):35-36,46.

[30]周长义.运城冬枣设施栽培技术[J].山西林业科技,2019,48(3):28-29.

[31]周爱英,薛秋燕.设施冬枣落花落果的原因分析及防治措施[J].山西果树,2018(5):43-44,51.

[32]吴翠云,张娟,王合理,等.不同枣品种幼龄树落花落果的规律研究[J].新疆农业科学,2013,50(10):1834-1841.

[33]李忠,付晓,杨红花.设施栽培灵武长枣病虫害的发生与综合防治[J].现代农业科技,2017(27):98.

[34]郝变青,赵永胜,石文鑫,等.设施冬枣日灼病的发生原因及综合防治措施[J].落叶果树,2020,52(5):68-69.

[35]杨飞.遮雨棚设施结构对枣园温湿度的影响[J].山西林业科技,2013,42(03):23-25,43.

[36]鲜枣冷棚设施栽培技术规程(DB14/ T 1583—2018)[S].

[37]壶瓶枣避雨设施栽培技术规程(DB14/ T 2072—2020)[S].

[38]大棚冬枣养护管理技术规程(LY/ T 3095—2019)[S].